我的"源"创空间

——小实验串起极简物理学史

主编　顾文　侯玉丽

上海交通大学出版社
SHANGHAI JIAO TONG UNIVERSITY PRESS

U0661372

内容提要

这本书旨在通过一个个生活中的物理小实验，引导孩子在实践中探索科学原理，并初步学习物理学中不同分支的学科，如力学、声学、光学、热学、电磁学等的发展历程。全书选取 30 个小实验，每个实验都按照"我的'源'创空间构想之旅""重走科学之路""搭建我的'源'创空间·实验重现""总结与思考""小贴士"5 个板块进行编排。首先，通过生活中的现象，激发孩子探索物理学的好奇心。接着，通过回顾那些伟大的物理学家如何一步步揭示这些现象背后的自然规律，了解每一个物理原理背后的故事与思考；在实验重现环节，学生会通过简单的材料和步骤，亲自体验这些经典实验；实验后，学生进行总结与思考。最后，还提供了小贴士，帮助学生更好地理解实验的原理与应用。本书适合所有对物理实验和科学史感兴趣的小学生、教育工作者，以及对科普感兴趣的读者阅读。

图书在版编目（CIP）数据

我的"源"创空间：小实验串起极简物理学史 / 顾文，侯玉丽主编 . -- 上海：上海交通大学出版社，2025.8. --ISBN 978-7-313-33356-8

Ⅰ.O4-091

中国国家版本馆 CIP 数据核字第 2025RS4211 号

我的"源"创空间——小实验串起极简物理学史

WODE YUAN CHUANG KONGJIAN——XIAOSHIYAN CHUANQI JIJIAN WULIXUESHI

主　　编：顾　文　侯玉丽

出版发行：上海交通大学出版社　　　　　　地　　址：上海市番禺路 951 号
邮政编码：200030　　　　　　　　　　　　电　　话：021-64071208
印　　制：上海文浩包装科技有限公司　　　经　　销：全国新华书店
开　　本：787mm×1092mm　1/16　　　　　印　　张：11
字　　数：148 千字
版　　次：2025 年 8 月第 1 版　　　　　　　印　　次：2025 年 8 月第 1 次印刷
书　　号：ISBN 978-7-313-33356-8
定　　价：83.50 元

序　言

一、当科学史照进家庭实验室

物理学史是一部人类追问自然本质的史诗，从亚里士多德的"四因说"到牛顿的万有引力，从法拉第的电磁感应到爱因斯坦的相对论，每一次认知的突破都源于对现象的观察与追问。然而，在传统教育中，这些伟大发现往往被简化为公式与考点，孩子们只能仰望科学巨人的背影，却难以触摸其思想的温度。科学教育不是做题，而是发现现象、形成志趣。而这本《我的"源"创空间——小实验串起极简物理学史》，正是将恢宏的科学史"折叠"进家庭日常的创举——用厨房一角证明大气压的存在，用乒乓球演绎伯努利原理。当孩子们在餐桌上调试傅科摆的角度，在阳台上观察光的色散时，他们不仅是知识的接受者，更是科学史的"亲历者"。

正如阿基米德在浴缸中顿悟浮力原理，本书的"阿基米德小侦探"实验让孩子通过小盒子和水，亲手验证"排水量决定物体沉浮"的奥秘。当孩子惊讶于实验结果时，他们与2000多年前那位高呼"尤里卡"的智者产生了跨越时空的共鸣。这种"以手塑脑"的实践，让科学史不再是博物馆的展陈，而是流淌于指尖的生命力。

二、万物皆可研究：极简材料中的科学基因

科学教育需要从"为考试而学"转向"为创新而学"，而创新的起点，往往藏匿于最平凡的事物中。本书的实验设计深谙此道——吸管变成马德堡半球实

验的道具，纸杯与橡皮筋组成声学共振装置，甚至一根缝衣针、一片玻璃都能成为研究光的折射与衍射的窗口。在"摩擦力王国的压力密码"中，孩子通过斜面与不同材质表面的组合，直观感受摩擦对物体运动的影响；在"气体热胀冷缩实验——有趣的空气"中，一个塑料瓶、一盆热水便让抽象的气体定律化作瓶中翻滚的"云雾风暴"。

这些极简实验背后，暗含着科学思维的底层逻辑：观察—假设—验证—迭代。这种思维训练的价值，远胜于机械地背诵公式。正如爱因斯坦所言："教育的首要目标永远是独立思考和判断，而非特定的知识。"

三、亲子共研：科学传承的代际对话

科学精神的传递，本质上是一种文化基因的延续。在"揭示地球自转的神奇'摆'——傅科摆"中，父亲与孩子共同悬挂重物、测量摆长，他们不仅是在复原 1851 年傅科在巴黎先贤祠的经典演示，更是在讨论中触及惯性系与相对运动的深层次问题；在"电磁感应实验——发光二极管亮了"中，母子用线圈与磁铁反复尝试，失败时的困惑与成功时的欢呼，恰似法拉第日记中"终于捕捉到转瞬即逝的感应电流"的激动记录。家庭理应成为创新的重点实验室，因为亲子互动中天然包含着质疑、辩论与协作——当孩子质疑"为什么易拉罐加热后会被大气压挤瘪"时，父母不再扮演权威的答案提供者，而是回归"探索伙伴"的角色，与孩子共同查阅资料、设计对照实验。

这种代际共研的模式，悄然重塑着家庭教育的生态。在"炫彩 LED 灯实验"中，全家齐上阵：妈妈帮助回溯历史、搭建物理实验工作台，父亲解释程序编写密码，孩子则用电池与导线搭建电路。科学史、技术原理与实践创新在此刻交织，知识不再是冰冷的符号，而是承载着家庭记忆的温暖叙事。

四、从现象到志趣：培育创新的土壤

本书最珍贵的价值，在于它播撒了"为创新而学"的种子。在"杨氏双缝干涉实验——神奇的光波"中，孩子用激光笔与纸箱板观察光的波动性，或许会困惑于明暗条纹的形成机制。这种困惑恰恰是科学探索的起点——正如少年费曼在卧室里摆弄收音机电路，最终走向量子电动力学的巅峰。而在"敲击的艺术——击弦机的原理"中，孩子自制击弦装置时，可能无意中触及机械波与材料振动的复杂关系，这些零散的认知碎片，终将在未来的学习中串联成创新的灵感。

科学教育应该像种树，重要的是向下扎根，而非急于开花结果。本书中的许多实验并无标准答案："我的声学之旅——声音也能让盐跳舞"中，孩子发现材料的差异会影响实验效果；在"自动旋转的小杯灯——空气的热对流"中，空气对流与物体间摩擦力、杯子自重等引发激烈讨论。这种开放性探究，培养了面对不确定性时的从容与韧性——而这正是创新者最核心的品格。

五、面向未来：家庭"源"创力的觉醒

当人们用AI技术打造沉浸式科技史场景时，本书以另一种方式诠释"源"创力：每个家庭的书桌、厨房、阳台，都能成为孕育科学火种的"微型实验室"。在"振动纸杯'音乐会'：玩出科学新花样"中，孩子用纸杯与橡皮筋探索声音的奥秘；在"水宝宝的'变形'大探秘——水的三态变化实验"中，三态变化与热力学定律通过冰块、蒸汽与水滴具象呈现。这些实验看似稚拙，却暗合物理学史演进的

本质——从丹尼斯·帕平的压力锅到瓦特的蒸汽机，从伏打电堆到现代电池，改变人类文明的伟大发明，往往始于对生活现象的朴素思考。

物理学史告诉我们，科学革命往往发生在学科的交叉地带。本书的实验设计也蕴含着跨学科的基因："彩虹的秘密——光的色散"融合光学与气象学，"塑料瓶里的'造风工厂'——风的形成实验"连接热力学与地理学，"电学魔法师——用欧姆定律掌控电流"则架起数学与工程学的桥梁。这种跨界思维，正是未来创新者必备的素养。

六、结语：让科学回归生活的本质

本书与其说是一本实验案例集，不如说是一封写给未来的邀请函。当孩子用硬币与磁铁重现电流磁效应时，当全家围坐讨论光的波粒二象性时，科学教育便褪去了焦虑与功利的色彩，回归"认识世界"的纯粹本质。知识的终极意义不在于占有，而在于照亮。愿这本书成为千万家庭科学之旅的起点——在这里，阿基米德的杠杆撬动好奇，牛顿的棱镜折射梦想，而每个孩子，都有可能成为未来物理学史的书写者。

（全国政协委员、上海科技馆馆长）

2025 年 7 月

目　录

变化的热

神奇的电与磁

后　记

有趣的 **力**

Li

实验 1

阿基米德小侦探：寻找隐形的浮力之手

💡【我的"源"创空间构想之旅】

暑假期间，我每周都会去游泳。在泳池里，我发现了一件很有趣的事：当我伸开手脚、保持平稳的时候，我的身体就会慢慢浮起来，像小船一样漂在水面上；可是如果我把手脚缩起来，身体就会一点点沉下去，好像水不"喜欢"我了。这让我忍不住思考：为什么水里会有浮力呢？为什么浮力有时候大，有时候又变小了呢？

最近，我读了一本讲科学家故事的书，里面提到一个叫阿基米德的人。他在 2000 多年前就发现了浮力的秘密，真是太厉害了！我也想像他一样，自己动手"发现"浮力的原理，看看水中到底藏着什么神奇的魔法！

图 1-1　我在泳池中"发现"了神奇的浮力

【重走科学之路】

相传在古希腊，有一位国王让工匠做了一顶金灿灿的王冠。国王想知道这顶王冠到底是不是纯金的，就请阿基米德想办法。阿基米德一开始怎么也想不出好办法，急得团团转。

有一天，阿基米德在家里泡澡时，偶然发现了一个有趣的事情：当他缓缓把身体浸入浴缸时，浴缸里的水位竟然上升了！他灵光一现，明白了原来物体浸在液体中的体积就是物体排开液体的体积。阿基米德高兴得不得了，据说当时大喊了一声："Eureka!（我找到了！）"就这样，他发现了浮力的秘密——浸在液体中的物体会受到向上的浮力，浮力的大小等于它排开的液体所受的重力！

我们也可以像阿基米德一样做个实验哦！比如拿一个小盒子放进水里，看看它浸到水里的部分占了小盒子体积的多少，这样就能知道它排开了多少体积的水。然后用这个体积值乘水的密度，就可以计算出排开的水的质量啦！最后，我们再把这个质量和小盒子本身的质量比一比，如果它们相等，就说明浮力原理真的没错！

【搭建我的"源"创空间 · 实验重现】

1. 实验材料

（1）1个大一点的玻璃容器，装上一些水 ——它就是我们的微型"泳池"了；

（2）1个可以漂浮在水上的小盒子（如果盒子太轻，可以配上一些重物块）；

（3）1个电子秤，用来称量物体质量；

（4）1支马克笔，用来标注小盒子没入水中的位置；

（5）1把直尺，用来测量盒子浸入水中的长度、宽度和高度；

（6）1张纸和1支铅笔，用来记录实验数据；

（7）1个计算器。

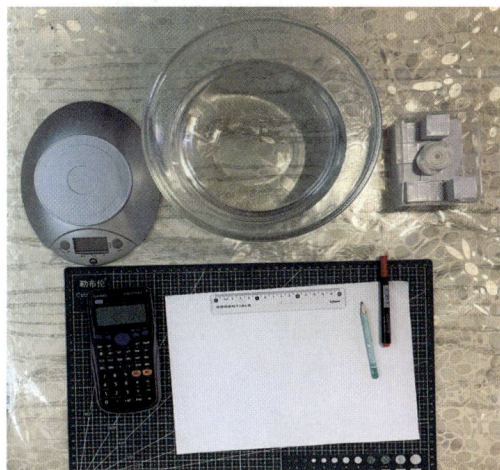

图1-2　实验材料

2. 实验步骤

（1）用电子秤称量小盒子和所配重物块的总质量，为205克；

（2）将小盒子放入水中，待它平稳地漂浮在水面后，用马克笔标记其浸入水中的位置；

（3）取出小盒子，并用直尺测量小盒子的长度、宽度以及浸入水中的高度，分别为 108 毫米、87 毫米和 22 毫米；

（4）用计算器计算小盒子浸在水中的体积（长度 × 宽度 × 高度）为 206 712 立方毫米，那么小盒子排开的水的体积也为 206 712 立方毫米；

（5）已知水的密度为 1 毫克 / 立方毫米，所以小盒子排开水的质量为 206 712 毫克，约为 207 克。

3. 实验结果

在上面的实验中，我们测量得到小盒子和所配重物块的总质量为 205 克，浸入水中后它排开水的质量约为 207 克。

4. 实验结论

通过这次浮力实验，我发现了一件很有趣的事情：小盒子漂浮在水面上时，它排开的水的质量竟然和它本身的质量差不多！这说明水对小盒子产生的浮力刚好能让它稳稳地漂浮在水面上。

这让我进一步思考物体的浮沉条件：浸没在水中的物体，如果物体所受重力比浮力大，它就会下沉；如果物体所受重力和浮力相等，它就能悬浮在水中；如果物体所受重力比浮力小，它就会上浮。真是太神奇了！科学就像一个魔法盒，总能让我们发现生活中的秘密！

【总结与思考】

通过实验，我们发现小盒子本身的质量约等于它浸在水中时排开水的质量，基本上验证了阿基米德发现的浮力原理。当然，实验中存在一些误差导致两个质量不是完全相等的，这也告诉我们，科学实验一定要非常严谨仔细，不然就会"差之毫厘，谬以千里"了。

【小贴士】

（1）你觉得物体在液体中所受浮力的大小和哪些因素有关系呢?

①液体的密度: 液体越"重", 浮力就越大。比如, 死海里的水特别咸, 比普通水更"重"（密度更大）, 这就是为什么人可以轻松漂浮在死海的水面上!

②物体浸入液体中的体积: 物体浸入液体中的部分越多, 排开的液体体积就越大, 浮力也就越大。

（2）一块小小的石头丢到水里很快就沉下去了, 但是万吨重的货轮却可以漂浮在水面上远渡重洋, 这是为什么呢?

虽然货轮比小石头要重得多, 但是它却可以排开更多的水, 受到的浮力也更大。根据阿基米德原理, 只要货轮受到的浮力与重力相等, 它就能稳稳地漂浮在水面上。

（3）一个不会游泳的人如果不小心掉进水里, 他／她应该怎么做呢?

遇事不要慌, 科学来帮忙。请记住: 浸没在水中的物体都会受到浮力的作用, 只要你放松身体, 就能漂浮起来! 大家平时也可以学习一些简单的漂浮技巧, 比如仰面漂浮或抱膝漂浮, 这样即使不小心掉进水里, 也能更好地保护自己。

（2021 级 5 班　万子莘）

实验 2

无形的手——神秘的大气压强

【我的"源"创空间构想之旅】

　　物理现象存在于我们身边的每个角落，生活中的方方面面都体现着物理学的规律，我也特别喜欢通过物理实验来探索世界的奥秘。

　　2024 年的暑假一直特别热，爸爸妈妈经常带着我和哥哥去游泳馆游泳。一开始我还不太会游，喜欢在浅水区戏水。渐渐地，我胆子变大了，开始游到水位更深一点的位置和哥哥比赛潜水。当水没过我胸口的时候，我有种被挤压而胸闷的感觉。

　　爸爸告诉我，这是因为我受到水压强的作用。什么是压强呢？爸爸给我做了解释，压强是物体单位面积受到的压力。当我们进入水中，水就对我们的身体表面产生压力，人在水中活动就要承受一定的压强。液体内部压强的大小与液体的深度和密度有关。简单来说，液体深度越深，密度越大，压强也就越大。除了液体有压强之外，我们日常接触的空气也有压强。空气是由各种气体组成的混合物，虽然无形，但它也具有质量和体积。由于空气具有质量，所以也会对处于空气中的物体施加作用力，单位面积上的大气压力即为大气压强。

【重走科学之路】

回家后我进一步查阅资料，了解到大气压的测量实验最早是由意大利物理学家、数学家托里拆利做的，故名托里拆利实验。他测出来标准大气压的数值等于 760 毫米汞柱所产生的压强，验证了空气具有重量的事实，这一发现对物理学的发展具有重要意义。

【搭建我的"源"创空间·实验重现】

我们可以通过一个小实验来证实大气压强的存在。

1. 实验材料

（1）3~4 个不同大小的柱状容器（容器口需平整光滑，如塑料水杯、纸杯）；

（2）几张表面防水且光滑的纸。

图 2-1　实验用到的柱状容器

2. 实验步骤

（1）将几个水杯中装上一定量的水；

（2）分别用一张表面光滑的纸张盖在杯口，用手盖住纸张，慢慢地将水杯倒置。

3. 实验现象

手慢慢离开托举的纸张时，纸张并未脱落，而是紧紧吸在杯口。

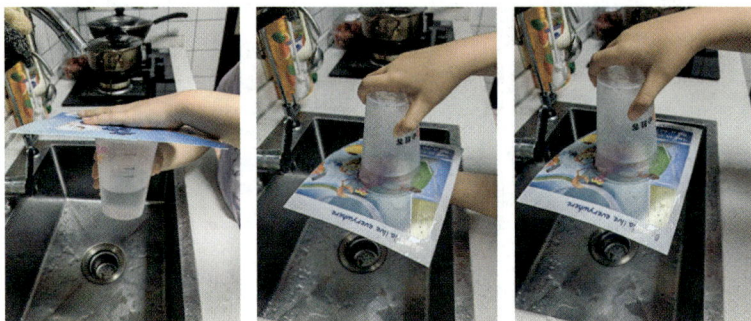

图 2-2　大气压强实验

4. 实验原理

为什么将水杯倒置，杯口的纸张不会脱落，杯中的水不会流下来呢？

这就是空气压强的作用。纸片受到水的表面张力影响，与杯口紧密结合，完全闭合起来。杯子里没有空气或是有很少的空气，所以外部的大气压强比杯子里面的水产生的压强大，叠加水表面张力的作用，于是外部的大气压把水和纸片都托住了，水自然也不会流下来了。

【总结与思考】

大气压强真神奇！我查了资料，发现日常生活中很多现象和大气压强有关，比如吸盘吸附在墙面、自来水笔吸墨水、吸管吸饮料、抽水机抽水、吸尘器清理灰尘、注射器打针输液等都用到了大气压强的原理。

【小贴士】

大气压强的大小受哪些因素的影响？

大气压强的大小受到温度、湿度、海拔的影响。

①温度：温度升高时，空气分子的运动变得更加剧烈，导致空气分子之间的碰撞频率增加，从而使压强增大。相反，温度降低时，空气分子的运动减缓，碰撞频率减少，压强也随之减小。

②湿度：空气中的水蒸气含量（湿度）也会影响大气压强。水蒸气的密度比空气密度小，当空气中水蒸气含量较高时，空气的整体密度会变小，从而导致压强降低。因此一般来说，阴雨天的大气压比晴天小，如果晴天大气压突然降低，可能是下雨的先兆。

③海拔：海拔是影响大气压强的一个重要因素。随着海拔升高，空气稀薄，气体分子对单位面积的压力也随之减小，导致压强降低。相反，海拔较低的地方，大气压强较大。

（2022级2班　杨知言）

实验 3

是谁"挤瘪"了易拉罐？

🔆 【我的"源"创空间构想之旅】

> 我的父母都是高级工程师，在耳濡目染的生活中，我对物理逐渐产生了兴趣。我时常会想：物理有什么用？物理和我们的生活有什么关联？我很想探索物理的奥秘。我决定从大气压强入手，它不仅是地球大气层对地表施加的物理作用力，而且深刻影响着人类生活、自然规律和科技发展。但是，由于大气压强本身不可见而且难以直观感知，所以大气压强常常被人们忽视。

🕐 【重走科学之路】

通过查阅资料，我了解了著名的马德堡半球实验——1654 年，当时的马德堡市长格里克进行的一项科学实验，目的是证明大气压的存在。

17 世纪，人们对于大气的认知还处于相对懵懂的阶段。意大利物理学家托里拆利为了验证大气压强，通过实验测得标准大气压的数值等于 760 毫米汞柱所产生的压强。1654 年，马德堡市长格里克决定通过更直观的方式来证明大气压强的存在。

他和助手做了两个直径约 50 厘米的铜质空心半球，半球中间有一层浸满了油的皮革，以确保两个半球能完全密合。其中一个半球上带有连接管，用于连接真空泵，并设有阀门可将其关闭。当两个半球间的空气被抽出后，两个半球便会受周围的大气挤压而紧合在一起，然后，格里克将 16 匹马分为两组，分别向相反方向拉扯这两个半球。这 16 匹马拼尽全力把两个半球拉开的时候，发出了很大的响声，就像放炮一样，围观者大为震惊。格里克则借此机会，向市民解释这是"大气的力量"，如果打开铜质空心半球上的阀门，空气就会经阀门流进球里，这时用手轻轻一拉，两个半球就会分开。马德堡半球实验直观地证明了大气压强的存在和威力，并由此引发了对于这一现象的深入研究。

【搭建我的"源"创空间·实验重现】

马德堡半球实验成功证明了大气压强的存在，我想通过更简单的方式来证明大气压强的存在。在爸爸妈妈的帮助下，我找到了家里最合适的实验空间——厨房作为我的小小物理实验空间。

1. 实验材料

（1）煤气灶；　　　　　　　　（2）水盆和水；

（3）易拉罐；　　　　　　　　（4）夹盘器；

（5）护目镜。

2. 实验步骤

（1）在易拉罐中装入少量的水；

（2）用夹盘器夹住易拉罐，放在煤气灶上加热；

（3）等待易拉罐中的水沸腾，这样水蒸气就会充满整个罐体；

图 3-1　加热装有少量水的易拉罐

（4）将易拉罐的罐口朝下放入装有水的水盆。

3. 实验结果

当易拉罐罐口朝下放入水中时，只听到"咔啦"一声，易拉罐在一瞬间被"挤瘪"了！

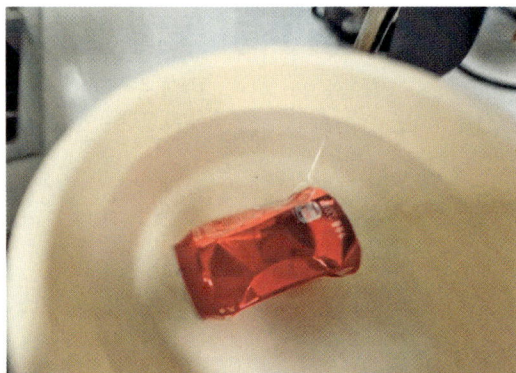

图 3-2　被"挤瘪"的易拉罐

4. 实验结论

加热前，易拉罐内外都处于相同的大气压下。装入水并加热后，罐体中便会充满水蒸气，罐体中的空气就会被挤出去。此时将易拉罐倒置放入水中，水会将罐口封闭，还会让罐体中的水蒸气冷却并变回液态水的状态。这样一来，易拉罐内部的压强就变小了，在外部大气压的作用下易拉罐瞬间就被"挤瘪"。

【总结与思考】

我们生活的地球是被一层叫作"大气"的厚厚的空气包裹着的，我们则住在其底部（地表）。因为空气有质量，所以接近地表的空气会受到其上方空气重量的压迫，从而产生压力，这个压力就是"大气压强"。从微观的角度来看，大气压强其实是由运动的空气分子相互碰撞而产生的。物理和我们的生活息息相关，只要我们保持好奇心，细心探索，就能发现物理的奇妙！

【小贴士】

（1）大气压强在生活中有哪些应用？

①吸盘。吸盘压到墙上时，里面的空气被挤出去，外面的空气就会用很大的力气把吸盘"按"在墙上，就像一只隐形的手抓着它！如果吸盘边上有缝隙，空气跑进去，吸盘就会掉下来。

②吸管。当我们用吸管喝饮料的时候，其实不是吸管"吸"饮料，而是空气在帮忙哦！当你用嘴吸吸管时，吸管里的空气变少了，外面的空气就会用力压饮料，把饮料"推"进吸管，送到你嘴里。

（2）如果地球上没有大气层，气压会怎么样？生命能否存活？

如果地球失去大气层，地表气压会像月球一样接近真空，氧气瞬间消失，生物也会窒息死亡，太阳紫外线和宇宙射线也会直接杀伤所有生物。大气层是地球的"生命护盾"，失去它，生命将不复存在。

（2020级3班　王思齐）

实验 4

伯努利原理

【我的"源"创空间构想之旅】

> 暑假的时候，妈妈带我去参观了大学物理实践站，在实验室里老师介绍到飞机起飞是应用了伯努利原理，我对这个原理印象深刻，于是进行了进一步的了解和探索。

【重走科学之路】

伯努利原理是由瑞士物理学家、数学家伯努利提出的。1738年，他出版了《流体动力学》这一重要著作，为流体力学奠定了基础。

物理学中把具有流动性的液体和气体统称为流体。伯努利原理的内涵首先要从能量守恒说起。对于流动的流体元素，其"压强能""动能""势能"的能量和在没有外力作用下总是会保持不变。这听上去很复杂，我们可以举个滑滑梯的例子来帮助理解：想象一下，你站在滑梯的顶端，此时你具有一种叫作"势能"的能量，因为你在高处。当你滑下来的时候，你开始移动，这时你就具有了"动能"。同时，你周围的空气也会对你产生一种"压强能"。无论你在滑梯的顶端、中间还是底部，你的"压强能""动能"和"势能"加起来总是一样的，这就是能量守恒。能量不会消失，只是从一种形式转换成另一种形式。

图 4-1　伯努利方程

其中动能与流体的速度有关。流速大的位置，动能就大，压强能就小，压强就小；而流速小的位置，动能就小，压强能就大，压强就大。

伯努利原理有一个非常重要的应用，就是飞机的机翼。如果你坐飞机的时候，仔细留意一下，就会发现机翼的上表面弯曲，下表面较平，就像滑梯一样。飞机前进时，机翼与周围的空气发生相对运动，气流被机翼分成上、下两部分，由于机翼的形状上、下不对称，机翼上方气流的速度较大，对机翼上表面的压强较小；下方气流的速度较小，对机翼下表面的压强较大。因此机翼上、下表面存在压强差，因而有压力差，飞机升力就是这样产生的。

【搭建我的"源"创空间·实验重现】

在日常生活中，有很多现象都可以用伯努利原理来解释。我和爸爸妈妈一起准备了几个有趣的小实验，来验证伯努利原理。

1. 实验材料

（1）几张纸；

（2）1个杯子和1根吸管；

（3）1个乒乓球。

图 4-2　实验材料

2. 实验步骤

（1）纸桥实验：拿出一张纸，折成纸桥的样子；然后向纸桥下面吹气。观察纸桥是会飞起来还是会塌下去。

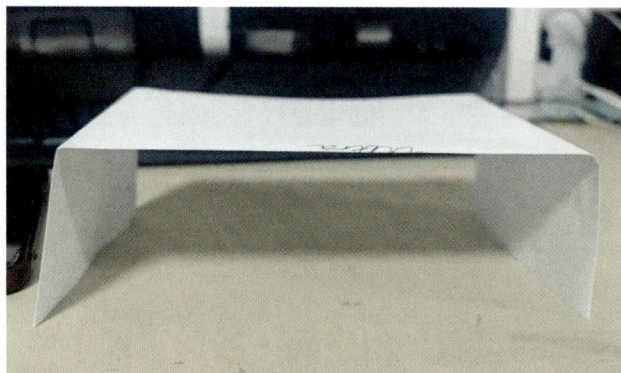

图 4-3　纸桥

（2）纸张吹气实验：我们再拿出另外一张纸，对折后一分为二，手握这两张纸，让纸自由下垂，然后朝纸张中间向下吹气，观察这两张纸会怎样运动。会分得更开还是会靠近？

（3）隔空取物实验：杯子中放入一个乒乓球，用吸管在杯子口吹气，注意不能用吸管去触碰乒乓球和杯子，观察乒乓球会发生什么现象。

3. 实验结果

（1）纸桥实验的结果是纸桥会向中间塌下去；

（2）纸张吹气实验的结果是两张纸会更靠近；

（3）隔空取物实验的结果是乒乓球会自己跳出来。

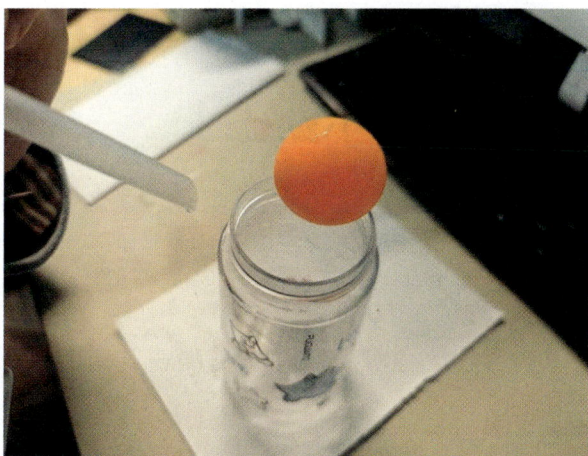

图 4-4　隔空取物实验结果

4. 实验结论

上面的实验都可以用伯努利原理来解释。纸桥实验中，纸桥会塌下去，是因为我们向纸桥下面吹气，空气流速变大，压强就会变小，纸桥上面的压力比下面的大，就会形成向下的力量，把纸桥压下去；纸张吹气实验中，向两张平行的纸中间吹气，空气流速变大，压强变小，纸张两侧压力大，就形成向中间挤压的力量，使纸张靠近；隔空取物实验中，我们用吸管向杯口吹气，空气流速变大，压强变小，杯子底部就会形成一股向上的托举力，使乒乓球自己"飞"出来。

我的"源"创空间

【总结与思考】

　　我们可以用一句话记住伯努利原理：跑得快的风没力气，慢吞吞的风力气大！学会了伯努利原理，我们就可以解释生活中很多现象，还可以利用伯努利原理做一些有趣的魔术，比如用吹风机吹气球和乒乓球。你也快来试一试吧！

【小贴士】

　　坐高铁的时候，要站在黄色安全线外面等车，你知道是为什么吗？这其实也和伯努利原理有关哦。列车高速驶来时，靠近列车车厢的空气被带动而快速运动起来，压强就减小。站台上的旅客若离列车过近，旅客身体前后会出现明显的压强差，身体后面较大的压力会将旅客推向列车，使旅客受到伤害。

（2022 级 8 班　汤秉节）

实验 5

摩擦力王国的压力密码

【我的"源"创空间构想之旅】

我有一双漂亮的紫色轮滑鞋，每当阳光明媚的时候，我总爱穿着它出去溜达。在玩耍的过程中，我发现了一个有趣的现象：在凹凸不平的小路上滑行时，轮滑鞋会发出"嗒嗒"的声音，前进得也并不顺畅；而当我在平滑的柏油马路上滑行时，即刻体验到一种流畅无阻的滑行感受，仿佛整个世界都在为我让路。这个发现让我心中充满了疑问：为什么同样的轮滑鞋，在不同的路面上会有如此不同的滑行感受呢？

带着这个疑问，我开始寻找答案。一次偶然的机会，我翻阅了一本关于物理的书籍，书中提到了"压力"和"摩擦力"这两个词。通过书中的插图和解释，我仿佛找到了一把打开科学大门的钥匙。原来，轮滑鞋在不同路面上的滑行效果差异，主要是由摩擦力的不同造成的。在凹凸不平的路面上，摩擦力大，所以滑行困难；而在平滑的柏油马路上，摩擦力小，因此能轻松滑行。

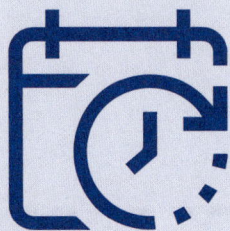

【重走科学之路】

18世纪末，法国物理学家库仑总结前人研究后提出库仑摩擦定律。库仑用实验表明，滑动摩擦力的大小与接触面受到的压力成正比，这也是库仑摩擦定律的核心内容之一。该定律不仅解释了为何推重箱子更费力，还成为设计滑梯角度、制动片等生活日常应用的力学基础。

【搭建我的"源"创空间·实验重现】

我们可以通过小实验验证滑动摩擦力与压力的关系。

1. 实验材料

（1）木块：准备一个上下表面材质不同的木块，木块的其中一个面是平整的木质表面，我们称之为"木块表面"；另一个面贴上了红色的绒布，我们称之为"绒布表面"。我们通过木块不同表面的实验表现，来验证不同材质间摩擦力的大小；

（2）弹簧测力计：这是一个力测量工具，用于测量拉动物体所需的力，间接表征两物体间滑动摩擦力的大小；

（3）砝码：砝码用于改变木块对倾斜面的压力，通过逐渐增加砝码的数量，我们可以探究压力变化对滑动摩擦力的具体影响。

图 5-1　摩擦力与压力实验材料

2. 实验步骤

（1）将木块平稳地放置在倾斜面的顶部，"绒布表面"在上，并在木块上放置一个砝码。用弹簧测力计匀速拉动木块，使它沿倾斜面滑动，从而测出木块与斜面之间的滑动摩擦力；再将木块重新平稳地放置在倾斜面的顶部，"木块表面"在上，重复上述操作，测出木块与斜面之间的滑动摩擦力；

（2）逐渐增加木块上的砝码个数，以增加木块对倾斜面的压力。每次增加砝码后，都重复上述的测量步骤，测出该种情况下的滑动摩擦力；

（3）详细记录每次实验中木块所受的压力（通过砝码的总质量计算得出）和对应的滑动摩擦力值（测力计的示数），如表 5-1 所示：

表 5-1　实验结果

砝码质量	滑动摩擦力			
	接触面为"木块表面"		接触面为"绒布表面"	
100 克	1.10 牛		1.30 牛	
200 克	1.40 牛		1.60 牛	
300 克	1.80 牛		2.00 牛	

3. 实验结论

观察数据，得出结论：滑动摩擦力的大小跟接触面所受压力有关，接触面受到的压力越大，滑动摩擦力就越大。滑动摩擦力的大小跟接触面的粗糙程度也有关，接触面越粗糙，滑动摩擦力越大。

4. 实验注意事项

（1）拉动木块时，应尽量保持速度均匀且稳定，以避免因速度变化而产生力的大小误差；

（2）在读取测力计示数时，应确保视线与刻度线垂直，以减少读数误差；

（3）为了提高实验数据的准确性和可靠性，应进行多次实验并取平均值作为最终结果。

【总结与思考】

通过这次在家庭"源"创空间里进行的摩擦力与压力实验，我收获了好多知识！做实验的时候，看着一次次添加砝码后拉动木块时测力计的示值变化，就像在同物理"小怪兽"斗智斗勇，特别有意思。这次实验让我明白，物理学原来就在我们身边的每一个角落。我还在想，如果能发明一种材料，它能根据我们的需要随意改变摩擦力的大小，那该多好啊！比如汽车在雨天行驶的时候，轮胎和地面的摩擦力自动变大，这样轮胎就不会打滑；汽车在高速公路上行驶的时候，轮胎和地面的摩擦力又能变小，这样汽车就能更省油啦！我一定要好好学习物理学知识，说不定以后真的能实现这个奇思妙想呢！

【小贴士】

（1）生活中有哪些地方利用了压力和摩擦力的相互关系呢？

自行车制动时，捏紧制动闸，其实就是通过增大制动片与车轮之间的正压力，从而增强摩擦力以实现快速制动。

（2）是不是压力越大，摩擦力就一定越大呢？

不是。滑动摩擦力的大小还受接触面粗糙程度的影响。比如，在冰面上，即使你对冰面施加较大的压力，但因为冰面过于光滑，鞋子与冰面间的摩擦力还是很小，所以在冰面上走路很容易滑倒。

（2021 级 2 班　曹艾琳）

实验 6

我与胡克的"碰撞"
——探究力与形变的关系

【我的"源"创空间构想之旅】

　　暑假里，我在小书屋中完成了对莫比乌斯带的探究，就此爱上了在我的"源"创空间进行科学探究活动。寒假我再次整装待发，打算对物理学中的胡克定律进行一番研究。说实话，对我而言胡克定律的计算公式非常复杂，但我按照自己的理解在家中简单"复刻"了有关的实验，这也加深了我对这条定律的理解。最后我还在玩具箱中找到了几件利用胡克定律原理来工作的玩具，这个过程实在太有趣了！

【重走科学之路】

　　胡克定律的提出者胡克，他是英国博物学家、发明家。在物理学研究方面，他提出了描述材料弹性的基本定律——胡克定律。

　　胡克定律指出弹簧发生弹性形变时，弹簧的弹力 F 和弹簧的伸长量（或压缩量）x 成正比，即 $F=kx$。经过一番探索，我似乎对胡克定律有了自己的认识：一个物体承受的力越大，在形变范围内形变就越大。

　　于是我将自己的发现绘制成了一张小报，计划开学后与老师、同学们一起分享，这样就可以让更多的同学认识这位伟大的科学巨匠！

图 6-1　绘制小报

【搭建我的"源"创空间·实验重现】

为了验证胡克定律，小书屋成为我的小小工作室，一书柜的参考书是我无限的知识源泉，互联网则是我查找资料、扩展视野的好助手。通过研究，我发现在材料学中随处都能见到胡克定律的"身影"。

1. 实验材料

（1）弹簧测力计；　　　　　　　　（2）橡皮筋；

（3）刻度尺；　　　　　　　　　　（4）铅笔和白纸。

2. 实验步骤

将橡皮筋挂在弹簧测力计的挂钩上，用手拉动橡皮筋，使弹簧测力计的指针分别指到1牛、3牛和5牛的位置，观察橡皮筋的形变。

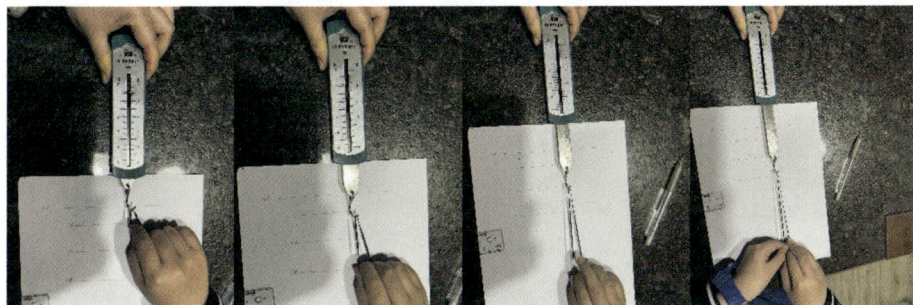

图 6-2　不同拉力下的橡皮筋形变

3. 实验结论

当拉力为 0 牛，弹簧的伸长量为 0 厘米时，橡皮筋伸长 0 厘米；当拉力为 1 牛，弹簧的伸长量为 2 厘米时，橡皮筋伸长 3 厘米；当拉力为 3 牛，弹簧的伸长量为 5 厘米时，橡皮筋伸长 6 厘米；当拉力为 5 牛，弹簧的伸长量为 8.5 厘米时，橡皮筋伸长 9.5 厘米。

所以，橡皮筋形变量与拉力呈一定的正相关。

【总结与思考】

通过实验，我想到了身边很多玩具也都应用到了胡克定律，比如玩具弩。

玩具弩后端也是一根橡皮筋，拉力越大，橡皮筋形变越明显，箭射出的距离越远。

我想古代士兵作战用的弓、弩、投石机等应该也都运用了这一原理。同学们，你们还想到了胡克定律的哪些应用呢？让我们一起交流一下吧！

【小贴士】

（1）为什么按压弹簧玩具会弹回来？

简单来说，弹簧被压时产生"弹力"，像藏在里面的小力气，松手时弹力把弹簧推回原状。

（2）蹦床为什么能把人弹起来？

蹦床像一个大弹簧，人踩下去时它被压弯，产生的弹力把人向上推。

（3）如果一直拉橡皮筋，会发生什么？

开始时橡皮筋伸长均匀，但拉到某个点后橡皮筋会突然变长甚至断开。这启发我们弹性有极限，超过后无法恢复。

（2021级6班　贺昱豪）

实验 7

牛顿第一定律的探究与理解

【我的"源"创空间构想之旅】

暑假时，我陪妹妹学习轮滑，我在场外仔细观察妹妹练习轮滑的动作。我发现：只要妹妹的腿一直往后蹬，她就能持续地前进，一旦腿停止往后蹬的动作，她会向前继续滑行 3~4 米，最后停下来。

我联想到和妹妹一起玩小汽车的时候，我用手使劲一推，小汽车会往前行驶一段距离后停下。

我感到十分好奇，为什么妹妹停止往后蹬腿，依然能继续前进一段距离呢？为什么我对小汽车停止施加力后，它还会继续滑行一段距离呢？

于是我查阅了一些书籍，了解了其中的奥秘，那就是牛顿第一定律，也叫惯性定律。牛顿第一定律指出，一切物体在没有受到力的作用时，总保持静止状态或匀速直线运动状态。

【重走科学之路】

大约公元前 4 世纪，古希腊著名科学家亚里士多德发现，对一个物体施加力，这个物体就会运动，不施加力，运动就会停止。于是亚里士多德提出，力是维持物体运动的原因。这一观点被奉为真理，持续了将近 2000 年。

直到 17 世纪初，意大利科学家伽利略提出了质疑。他觉得物体不受力了，也能运动下去。在伽利略提出观点的十几年后，法国科学家笛卡尔在此基础上还明确地指出了物体在不受力时是沿直线运动的。

最终在 1687 年，英国科学家牛顿总结了伽利略等人的研究成果，概括出一条物理规律：一切物体在没有受到力的作用时，总保持静止状态或匀速直线运动状态，这就是著名的牛顿第一定律，又称惯性定律。惯性是指一切物体都有保持原来运动状态不变的性质。牛顿第一定律揭示了物体运动的基本规律，是经典力学的重要基石。看来，真理的产生不是一蹴而就的，需要不断实验，不断反思，不断改进。

【搭建我的"源"创空间 · 实验重现】

为了验证牛顿第一定律，我设计了 2 个动态实验和 2 个静态实验，动态实验模拟物体做匀速直线运动的场景，静态实验则展现物体在静止状态下的场景。

动态实验 1：小车下坡

1. 实验目的

研究不同表面阻力对物体运动的影响，从而深入理解牛顿第一定律。

2. 实验材料

（1）固定角度的斜坡（用相框代替）；

（2）刻度尺；　　　　　　　　　（3）毛巾；

（4）棉布；　　　　　　　　　　（5）玻璃（桌面）；

（6）小车；　　　　　　　　　　（7）记录卡和笔。

3. 实验步骤

让小车从斜坡上滑下，以一定的速度在毛巾、棉布和玻璃上继续滑行，观察并记录小车在不同平面上滑行的距离。

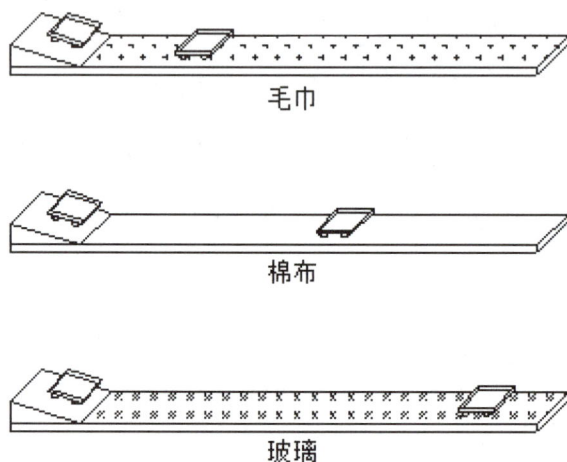

毛巾

棉布

玻璃

图 7-1　动态实验 1：小车下坡

4. 实验结果

小车从固定角度的斜坡上滑下，在不同平面上滑行的距离不同。毛巾的阻力最大，小车在毛巾上滑行的距离最短，为 31 厘米；小车在棉布上滑行的距离是 50 厘米；玻璃的阻力最小，小车在玻璃上滑行的距离最长，大于 108 厘米，小车最终掉下了桌子。

动态实验 2：小车上的硬币

1. 实验目的

研究运动小车上的硬币在小车急停后的表现。

2. 实验材料

（1）小车； （2）钢尺；

（3）硬币。

3. 实验步骤

将硬币放在小车顶端，用力推动小车使其匀速向前滑行，当小车滑出一定距离时，用钢尺阻拦小车前进，观察硬币的运动轨迹。

图7-2 动态实验2：小车上的硬币

4. 实验结果

用钢尺阻拦小车前进时，小车突然停止，硬币飞了出去。这是因为小车和硬币原本都保持匀速直线运动状态，当用钢尺阻拦小车时，小车受外力影响停止运动。根据牛顿第一定律，任何物体在没有受到外力作用的时候，总保持静止状态或匀速直线运动状态，因此硬币就保持匀速直线运动状态，"飞"了出去。

静态实验1：番茄往上爬

1. 实验目的

研究对静止的物体施加外力后，物体的运动表现。

2. 实验材料

（1）石头；　　　　　　　　　　（2）筷子；

（3）番茄。

3. 实验步骤

把筷子的底端插在番茄里，用石头不断敲击筷子顶端。

图 7-3　静态实验 1：番茄往上爬

4. 实验结果

用石头不断敲击筷子顶端，番茄会慢慢向上"爬"，其实番茄并没有动。我对筷子施加了一个外力，筷子是向下运动的；番茄没有受到外力，它保持了静止状态，对比之下才产生了番茄向上"爬"的假象。

静态实验 2：隔空抽纸

1. 实验目的

研究向两个物体中的一个施加外力后，这两个物体各自的表现。

2. 实验材料

（1）A4 纸；　　　　　　　　　　　（2）瓶装水（装有一定量的水）。

3. 实验步骤

把一张 A4 纸放置在一瓶矿泉水下，用手迅速地将 A4 纸抽出，观察矿泉水瓶是否保持静止状态。

图 7-4　静态实验 2：隔空抽纸

4. 实验结果

迅速将 A4 纸从瓶底抽出，矿泉水瓶没有移动。这是因为我对纸施加了抽出的外力，但是我没有对瓶子施加外力。根据牛顿第一定律，任何物体在没有受到外力作用的时候，总保持静止状态或匀速直线运动状态。瓶子没有受到外力，所以它保持了静止状态。

【总结与思考】

以上4个实验的实验结果均符合牛顿第一定律。通过实验可以验证牛顿第一定律的科学性，进一步巩固了我对这一物理规律的理解。

从牛顿第一定律可以知道，一切物体都有保持原来运动状态不变的性质，这种性质叫作惯性。有趣的是，在物理世界，物体拒绝改变当前的运动状态。而在现实生活中，惯性思维会导致人们长期坚持自己的观念，难以适应新环境、接受新知识。只有克服惯性思维，时常保持开放心态、空杯心态，才能不断吸收新的思维方式和理念，保持进步。

【小贴士】

生活中哪些现象与惯性有关？

比如，开车行驶过程中紧急制动时，汽车的速度会突然减小甚至降为零，乘客的脚也会随车停止运动，而此时身体的上部由于惯性保持原先的速度继续向前，因此身体就会前倾，容易发生危险。所以我们在开车和乘车时一定要系好安全带，不要超速，注意保持车距。

再比如，赛场上跳远运动员通过助跑获得一个较快的向前速度，利用惯性使自己跳得更远。运动员投掷标枪、铅球等也是应用了同样的原理。

（2022级6班　叶枫）

实验 8

揭示地球自转的神奇"摆"——傅科摆

【我的"源"创空间构想之旅】

很小的时候，爸爸就告诉我，人类生活在一个大大的"圆球"上，而且这个"圆球"还在不停地转动。上学以后，我对这个话题越来越感兴趣，于是查阅了很多关于地球的书籍和资料。原来，历史上人们对地球到底是什么形状众说纷纭。比如，我国古代先人们认为"天圆如张盖，地方如棋局"，他们觉得地球是平的！古希腊哲学家毕达哥拉斯首次提出了地球是球体的概念，可惜这一理论一直都未得到证实。直到1522年，麦哲伦的船队完成第一次环球航行才最终证实了地球是一个巨大的球体。到了1543年，哥白尼在《天体运行论》中提出，地球不仅仅是个球体，而且还在不停地转动！但是跟毕达哥拉斯一样，这仅仅是他的设想，如何证明呢？直到300多年后，法国物理学家傅科借助一个"单摆"实验，终于证实了这个猜想：我们脚下的地球确实是在不停地转动！这是一个演示地球自转的实验，所用的摆被命名为"傅科摆"。我对这个伟大的科学实验充满了好奇！

【重走科学之路】

通过之前的学习积累以及暑假期间大量的资料查阅，并结合与爸爸和老师们的探讨，我了解到傅科摆之所以能够证明地球的自转，主要是利用了单摆的特性，即单摆在没有外力作用下，其摆动方向应保持不变。1851 年，傅科在一个大厅的穹顶上悬挂了一条长 67 米的绳索，在其下方挂了一个 28 千克的摆锤，摆锤的下方放了一个巨大的沙盘。每当摆锤经过沙盘上方的时候，摆锤上的指针就会在沙盘上留下运动的轨迹。按照人们原本的设想，这个硕大无比的摆应该在沙盘上面画出唯一一条轨迹，但当单摆开始旋转后，人们惊奇地发现，傅科设置的摆每经过一个周期的震荡，在沙盘上画出的轨迹都会偏离原来的轨迹，说明"地球"发生了转动！

这个实验被誉为"改变世界的十大经典实验"之一，它让我深感震撼，尤其是傅科对科学真理的追求，更加坚定了我在科学道路上努力前行的信念！

【搭建我的"源"创空间·实验重现】

傅科摆实验使用的长绳和重锤主要是为了减少空气阻力的影响，但生活中较难完全还原这样的实验条件，因此，在保证实验效果的前提下，我设计了傅科摆的模拟实验。

1. 实验材料

我首先在爸爸的帮助下，利用我的小书桌搭建了实验平台，然后列出了本次实验需要的材料清单，在相关的购物网站上寻找相应的材料进行比对，确认后请家长帮忙采购了部分物料，如表 8-1 所示：

表 8-1　实验材料清单

材料编号	材料名称	数量	单位
（1）	正方形纸板	1	套
（2）	蓝色底座	1	个
（3）	带刻度的黄色底盘	1	个
（4）	圆角支架	3	根
（5）	塑料托盘	1	个
（6）	圆环罩	1	个
（7）	圆柱摆锤	1	个
（8）	编织线	100	厘米
（9）	彩砂	2	瓶
（10）	自封袋	2	个
（11）	桌布	1	张（100 厘米 × 100 厘米）

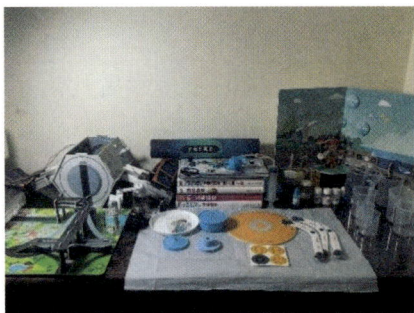

图 8-1　我的"源"创实验室

图 8-2　本次实验材料

2. 实验步骤

（1）傅科摆模型的搭建：

①将蓝色底座拧入带发条的黄色底盘中心螺孔里面，将圆环罩中心孔对准黄色底盘中心位置并粘贴上去，翻转过来将其整体放入蓝色底座上，松开黄色底盘发条，即可模拟"地球"转动；

②取出3根圆角支架，将其三个卡扣对准黄色底盘的三个卡槽进行连接；取出正方形纸板上的两个黄色圆片，将圆片的三个卡槽分别与支架顶部卡扣进行咬合连接；用编织线将圆柱摆锤与正方形纸板中的黑色圆盘中心进行连接，将彩砂瓶绑在摆锤的下面增加摆锤质量，最后将摆锤悬挂在前述支架中心，至此，单摆模型搭建完毕；

③将塑料托盘放在摆锤下面，整体模型组装完成。

图 8-3 搭建"地球"转动模型

图 8-4 搭建单摆支撑架

（2）拧开彩砂瓶瓶盖并使单摆开始摆动，观察彩砂的轨迹；

（3）先给底座上弦，然后打开彩砂瓶并使单摆开始摆动，观察彩砂的轨迹。

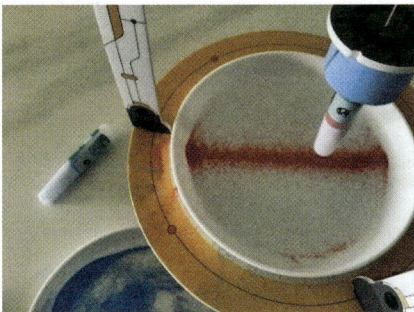

图 8-5 单摆自由摆动轨迹

图 8-6 地球"转动"下的单摆运动轨迹

【总结与思考】

　　傅科通过细致的观察和严谨的实验设计，揭示了地球自转这一宏观的自然规律。这个实验让我明白了：通过科学的方法和工具，人类能够揭示自然界的奥秘，不断拓展知识的边界！

【小贴士】

　　（1）如果地球不自转，那么傅科摆的摆动方向会不会发生变化？不会。

　　（2）傅科在设计傅科摆的时候，摆线要求尽量长，摆锤需要尽量重，请问这是为什么呢？

　　摆线越长，摆的运动速度就会越大，偏转效应会更加明显；而较重的摆锤则可以最大程度地减少空气阻力带来的影响。

（2021级4班　李铭阳）

实验 9

振动纸杯"音乐会"：玩出科学新花样

【我的"源"创空间构想之旅】

小时候我一直喜欢拍拍打打，发现拍一个东西的不同位置时，发出的声音是不同的；拨动不同长短的绳子，发出的声音也不一样。所以今天，我就给大家带来一个纸杯"音乐会"。

【重走科学之路】

我在图书馆查询资料，发现意大利物理学家伽利略、托里拆利以及中国东汉的王充都做了有关声音的实验。原来在空气中，声音是由物体振动产生的。我们听到的声音有音调的不同，也有响度的不同。有的听起来音调高，有的听起来音调低，有的听起来响度大，有的听起来响度小。我准备做一个小实验来看看声音产生的原理和特性。

【搭建我的"源"创空间·实验重现】

我和爸爸妈妈一起整理了房间的一个角落，作为我的实验基地。我们从家里找到了一些实验用品，放在了实验小推车上。

1. 实验材料

（1）一次性纸杯；

（2）30厘米长的钢尺；

（3）回形针；

（4）粗细不同的橡皮筋；

（5）剪刀；

（6）胶带。

2. 实验步骤

（1）用剪刀在纸杯底部戳一个小洞；

（2）纸杯杯口向下，钢尺贴在纸杯边缘，用胶带缠绕数圈固定；

（3）橡皮筋绕回形针一圈并打结，另一头从纸杯内部穿出小洞；

（4）用胶带将皮筋的另一头固定在钢尺的最上方；

（5）拨动套在钢尺上的橡皮筋，橡皮筋振动后发出声音。根据手按住橡皮筋位置的不同，标注7个音符。

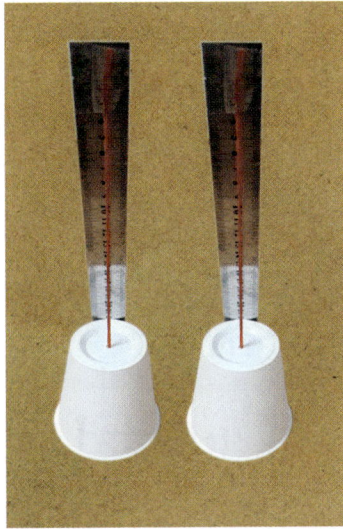

图 9-1　自制乐器

3. 实验结果

（1）用同样的力拉动同一根橡皮筋，因手指按住橡皮筋的位置不同，橡皮筋的长短发生了变化，会发出不同的声音；

（2）调节橡皮筋的松紧，声音也发生了变化；

（3）更换不同粗细的橡皮筋，也会发出不同的声音。

4. 实验结论

这个实验说明声音是由物体振动产生的。当拨动套在钢尺上的橡皮筋时，橡皮筋发生振动，从而产生声音。通过改变橡皮筋的粗细、松紧以及拨动的位置等，可以改变橡皮筋振动的频率和幅度，进而产生不同音调和响度的声音。

拨动位置不同会影响橡皮筋振动的幅度，振幅越大，声音的响度越大。橡皮筋越张紧，振动频率越高，音调越高；反之，橡皮筋越松弛，振动频率越低，音调越低。粗橡皮筋振动频率低，发出声音的音调低；细橡皮筋振动频率高，发出声音的音调高。

【总结与思考】

　　我超级喜欢做实验！准备实验材料的时候，就像在收集魔法道具，特别有趣！真正做实验的时候，看着各种实验条件变化、实验现象随即改变时，感觉自己像个小小科学家！每次做完实验，我还能明白好多超酷的物理小知识！以后我还要做更多好玩的实验，探索更多神奇的秘密！

【小贴士】

　　（1）人的耳朵为什么可以听见声音？

　　人的耳朵可以听见声音，是因为双耳内各有一个鼓膜，声波引起鼓膜振动，会使神经元产生相关的生物电信号，传入大脑便形成了听觉。春节放鞭炮时，因鞭炮爆炸剧烈振动产生的声音震耳欲聋，声波冲击力大，这时候就要捂住耳朵，保护耳朵不受伤！

　　（2）声音可以在水里传播吗？

　　当然可以！比如在游泳池里，哪怕你把头埋进水里，还是能模模糊糊听到岸上小伙伴的叫声，就像声音会"游泳"一样！还有小海豚在大海里游来游去，它们"啾啾"说话的声音，也是通过海水传播的！

　　（3）声音可以在固体中传播吗？

　　也是可以的哦！敲击墙壁时声音通过墙体传递，比如天坛公园里的回音壁就是著名的声学奇观。而且相较于在液体和气体中传播，声音在固体中的传播速度最快。

（2022级5班　　王若拙）

实验 10

我的声学实验之旅
——声音也能让盐跳舞

【我的"源"创空间构想之旅】

有一次，我在听节奏感很强的音乐时，发现音响旁边鱼缸的水面在微微颤动，甚至溅起了一点小水花。这让我感到非常神奇——声音竟然能让水动起来！我开始思考，声音真的只是"听得见的东西"吗？有没有办法让它"看得见"？

我查阅了很多资料，了解到声音以波的形式传播，声波能引起周围物体的振动。在某些频率和条件下，甚至可以让物体"跳舞"！这激发了我做一个实验的想法：如果我把盐撒在一层膜上，播放音乐时它会不会跳起来？

【重走科学之路】

早在公元前，古希腊哲学家毕达哥拉斯就通过研究琴弦的振动，发现声音的频率与琴弦的长度有关；意大利物理学家伽利略进一步证明了声音由物体的振动产生；德国科学家亥姆霍兹则系统建立了声波传播和共振的理论。

我的"源"创空间

在现代科技中，"声致振动"的原理被广泛应用在医学（如超声波扫描）、建筑（如隔音材料设计）以及工业检测中，甚至有科学家用超声波让小球悬浮或塑造液体形状！

我的实验，就是在我的"源"创空间里，用最基本的材料去还原这种科学现象。

【搭建我的"源"创空间·实验重现】

1. 实验目的

通过播放不同音量的声音，观察盐粒在膜面上的运动，探索声音波动与物体振动之间的关系。

2. 实验原理

由物体振动产生的声音在空气中以波的形式传播。当声波撞击到一个紧绷的膜面上，就会激起膜面振动，从而带动放在膜面上的盐粒跳动。这个过程其实就是将"声音可视化"的一种尝试。

3. 实验材料

（1）几个碗；

（2）保鲜膜；

（3）彩色纸张（用于替代或叠加在保鲜膜上）；

（4）橡皮筋若干；

（5）食盐；

（6）音响设备；

（7）鼓点明显的音乐或测试频率音。

说明：我们不仅使用了保鲜膜作为振动膜，还尝试加入彩色纸张来比较不同材质对振动效果的影响。

4. 实验步骤

（1）取一个碗，碗口包上一层保鲜膜，绷紧膜并用橡皮筋固定；另取一个碗，碗口用彩色纸张包裹，绷紧纸并用橡皮筋固定；

（2）在保鲜膜和彩色纸张的中央撒上少量食盐；

（3）将碗放在音响上或靠近音源出口；

（4）尝试调节音量（响度）大小，观察盐粒是否跳动、跳动幅度是否有变化，并记录变化情况。

5. 实验结果

表 10-1　实验结果

实验条件	声音频率	音量（响度）	盐粒状态	观察说明
安静无声	—	0	静止	无振动来源，无反应
保鲜膜 + 低频鼓点	40~60 赫兹	中	轻微振动	声波传递到膜，引起轻微共振
保鲜膜 + 低频鼓点 （大音量）	40~60 赫兹	高	明显跳跃	声波引起膜发生共振，盐粒跳起
彩色纸张 + 低频鼓点 （大音量）	40~60 赫兹	高	微弱振动	彩纸不易振动，跳动减弱
手敲碗边缘	—	—	短暂弹跳	物理振动也能传递能量

【总结与思考】

这个实验让我真正体会到科学就在身边。以前我只知道"声音是听到的"，但通过这个实验，我发现声音也能"被看到"。通过盐粒的跳动，看不见的声波变成了可感知的图像。

"让盐粒跳舞"的实验，不仅让我更直观地理解了声波和共振的原理，还激发了我对科学探究的热情。更重要的是，我意识到，只要我们保持好奇、愿意思考，就可以在日常生活中成为"小小科学家"。

【小贴士】

（1）如果将实验中的盐粒替换为大小、质量不同的颗粒（如糖粒、碎纸屑、细沙），"跳舞"的现象会发生什么变化？

不同颗粒的"跳舞"状态会有差异：质量更轻、体积更小的颗粒（如碎纸屑）可能跳动更频繁、幅度更大；质量较大或形状不规则的颗粒（如细沙）可能难以被振动带动，甚至静止不动。

（2）生活中还有哪些现象或技术利用了"声音振动引发物体运动"的原理？

超声波清洗机。超声波（高频声波）在液体中产生高频振动，形成微小气泡并剧烈破裂，气泡破裂的冲击力能带动液体中的微小颗粒（如污渍）运动，从而清洗物体表面。

（2020 级 6 班　郑博雍）

实验 11

敲击的艺术——击弦机的原理

【我的"源"创空间构想之旅】

生活中，我们每时每刻都能听到各种声音。雨滴落下的滴答声，风吹过的呜呜声，小鸟叽叽喳喳的叫声，这些自然界的声音我们随时都会听到。

还有一些声音，是人为制造出来的。比如我们利用说话（声音）来进行人与人之间的交流。如果没有了声音，交流会变得非常不便利。声音还有很多运用，比如用钢琴弹奏出美妙的音乐，可以安抚人的情绪。

一般钢琴有 88 个琴键，每个琴键弹出来的音色都不一样。弹奏琴键发出不同音色和音量的声音，就可以组成动听的钢琴曲。

我学过弹钢琴，也喜欢弹钢琴，每当我弹奏钢琴的时候，我就特别好奇：钢琴是怎么能够让我们弹出好听的乐曲的？我们又是怎么能听到这些音乐的？

【重走科学之路】

现代钢琴发明之前，音乐家使用的是拨弦古钢琴。后来，随着音乐的发展，拨弦古钢琴逐渐无法满足音乐家们的需要。

克里斯托福里是一位意大利的钢琴制作师。他制作了很多拨弦古钢琴，非常了解这种钢琴的优缺点，比如拨弦古钢琴音量弱小，琴声层次也不够丰富。

大约在 1709 年，克里斯托福里以拨弦古钢琴为原型，制造出了一架音量可以变化的钢琴。他在钢琴上采用了以弦槌击弦发音的机械装置，代替了过去拨弦古钢琴用动物羽管拨动琴弦发音的机械装置，由此让琴声更加丰富，能够有不同的音量（响度）、音调和音色。可以说，克里斯托福里发明的钢琴是现代钢琴的最初形式。

下面是一个弦槌的示意图，看上去是不是很简单？

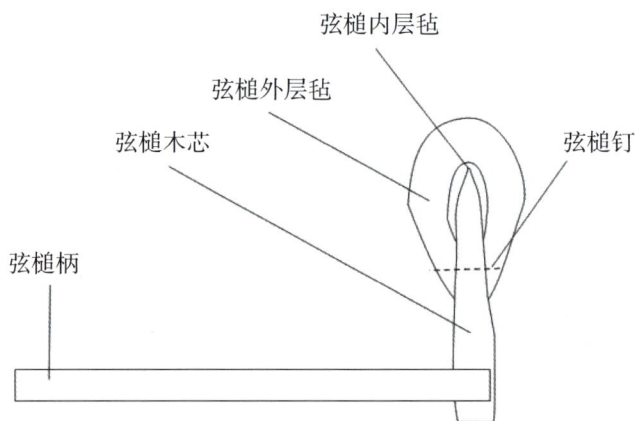

弦槌内层毡

弦槌外层毡

弦槌木芯　　　　　　弦槌钉

弦槌柄

图 11-1　弦槌示意图

我看过钢琴内部，实际上里面非常复杂，有很多不同长度的琴弦，每一根琴弦都有弦槌、琴键等。钢琴真不愧是"乐器之王"啊！

【搭建我的"源"创空间·实验重现】

钢琴里面的机械结构非常复杂,很难按照钢琴的结构来制作和进行实验。于是我决定采用击弦机的原理,使用非常简单的方式来探索钢琴发音的奥秘。

1. 实验材料

我和弟弟一起将一张闲置的书桌收拾干净,摆放到房间里一个空旷的角落,作为实验桌,还找爸爸妈妈帮我们配置了一些实验材料:

(1)音叉;

(2)小锤;

(3)琴架;

(4)挂钩;

(5)琴片。

2. 实验步骤

(1)搭建琴架;

图 11-2 搭建琴架

（2）将琴片从长到短排好顺序，利用挂钩将琴片一一挂上琴架；

图 11-3　琴架成品

（3）用小锤敲击音叉，变换敲击的力量，感受声音的变化；

（4）使用小锤用不同的方式敲击琴片，感受声音的变化。

3. 实验结果

（1）用小锤敲击音叉，音叉会持续发出"嗡"的声音，这是因为音叉一直在振动；

（2）用不同力量敲击音叉，力量越大，音叉发出的音量（响度）也越大，这是因为音叉振动的幅度也越大；

（3）使用小锤用不同的力量敲击同一片琴片，力量大，声音就响（响度大），力量小，声音就轻（响度小）；

（4）用同样的力量反复敲击同一片琴片，其中有几次用手指捏一下琴片。如果用手捏了琴片，琴片发出的声音马上会消失；

（5）使用小锤用相同大小的力量敲击不同的琴片，琴片发出声音的音色是不一样的，每个琴片都有自己的音色。

【总结与思考】

声音原来是由物体振动产生的，振幅的大小影响声音的响度。通过实验，我体会到了声音的奥秘，也体会到了人类对声音运用的探索。克里斯托福里的这种善于总结经验，发现不足和不停创新解决问题的精神，非常值得我们学习。

【小贴士】

（1）击弦机敲击琴弦后会停在琴弦上吗？

击弦机的小锤在敲击琴弦后会马上离开琴弦，这样就不会妨碍琴弦发出声音。

（2）为什么手离开钢琴键，声音就会停下来呢？

琴弦上有一个止音器，它贴着琴弦的时候，琴弦会很快停止振动，就不会发出声音了。只有手将钢琴键按下去的时候，这个止音器才会离开琴弦。

（2020 级 9 班　周宸汐）

实验 12

我的声学实验之旅——回声现象

💡【我的"源"创空间构想之旅】

声音是我们日常生活中不可或缺的一部分，而回声则是声音传播中的一个有趣现象。一次家庭旅行，我和家人去了一个山谷。在山谷中，我大声呼喊，听到了清晰的回声。这让我非常好奇：为什么在山谷中能听到回声，而在家里却听不到呢？回声是如何产生的？不同材料对声音的反射有什么影响？为了更好地理解声音的传播和回声的产生原因，我决定通过实验来探索声音在不同材料上的反射效果。这次实验不仅让我对声音的物理特性有了更深入的理解，还让我体验到了科学探索的乐趣。

🕐【重走科学之路】

回声是声音遇到障碍物后反射回来的现象。早在古代，人们就注意到了回声的存在，并尝试解释这一现象。古希腊科学家亚里士多德曾在他的著作中讨论过声音的传播和反射，而中国古代的科学家沈括也在《梦溪笔谈》中记录了他对声音传播的观察。

17世纪，随着科学革命的兴起，科学家们开始系统地研究声音的传播和反射。意大利科学家伽利略通过实验研究了声音的频率和波长，为声学的发展奠定了基础。随后，英国科学家波义耳和法国科学家梅森进一步研究了声音的传播速度和反射特性。

19世纪，德国物理学家亥姆霍兹提出了关于声音共振的理论，解释了为什么某些材料能够更好地反射声音。他的研究为现代声学的发展提供了重要的理论支持。

在现代科技中，回声的原理被广泛应用于各个领域。例如，声呐技术利用回声来探测水下物体，被广泛应用于海洋勘探和军事领域。医学超声波成像技术则利用回声来生成人体内部的图像，成为医学诊断中的重要工具。此外，建筑师在设计音乐厅和剧院时，也会利用回声的原理来优化声音的传播效果，确保不同座位上的听众能够听到清晰的声音。

【搭建我的"源"创空间·实验重现】

1. 实验目的

通过使用不同材料的障碍物，观察声音在纸筒中的传播和反射，探究回声的产生机制及其与材料的关系。

2. 实验材料

（1）2根长纸筒；

（2）机械闹钟；

（3）塑料盘子；

（4）毛巾。

3. 实验步骤

（1）将两根长纸筒呈 V 字形摆放在桌面上，纸筒之间留有小缝隙；

（2）将机械闹钟放置在一根纸筒的一端；

（3）耳朵贴近另一根纸筒的另一端，仔细倾听；

（4）保持纸筒和闹钟的位置不变，依次将塑料盘子和毛巾放置在两根纸筒的夹角处，耳朵贴近纸筒的另一端，仔细倾听，比较放置不同材料时的声音效果。

图 12-1　回声实验装置搭建

4. 实验结果

表 12-1　实验结果

障碍物材料	声音效果
无	无回声
塑料盘子	回声明显
毛巾	几乎无回声

5. 实验结论

在两个纸筒的夹角处放置障碍物后，可以听到机械闹钟的回声；如果不放置任何材料，则听不到回声。这说明回声是声音遇到障碍物后反射回来的现象。

在两个纸筒的夹角处放置硬质光滑的塑料盘子时，回声比较明显；而放置柔软多孔的毛巾时，几乎听不见回声。这说明不同材料对声音的反射效果不同，硬质光滑的材料更容易反射声音，而柔软多孔的材料则会吸收声音。

【总结与思考】

通过这次声学实验，我不仅了解了回声的产生原理，学到了关于声音传播的知识，还体验了科学实验的乐趣。希望未来我能继续探索更多有趣的科学现象！

【小贴士】

（1）实验中听不见回声有哪些可能的原因？

①机械闹钟离纸筒一端开口处太远；②夹角处的障碍物放置得太远；③周围环境太过嘈杂。

（2）实验中有哪些注意事项？

①每次实验时，闹钟、纸筒和各种材料的位置应保持一致；

②实验时，应保持周围环境安静；

③为了获得更好的声音效果，听声音时可以捂住另一只耳朵。

（2021级5班　王语菲）

Guang

炫彩的光

实验 **13**

光的小剧场
——白屏与激光笔的光影表演

💡【 我的"源"创空间构想之旅 】

2024 年暑假，第 33 届夏季奥林匹克运动会在巴黎隆重开幕了。在 10 米气步枪混合团体比赛中，中国运动员以 16 比 12 击败韩国队，夺得了巴黎奥运会的首金。我发现每次射击时，运动员都要透过镜片瞄准射击，妈妈说窍门是"三点连成一线"，其中的原理是什么呢？还有，从汽车前灯射出的光束为什么是直的？天空为什么是蓝色的？于是，我萌生了一个想法：能否通过简单的实验，亲手"捕捉"光的行为，观察它如何在不同介质中传播和变化。

📅【 重走科学之路 】

经过查阅资料，我了解了光的传播原理：光在同种均匀介质中沿直线传播，这一现象通常被称为光的直线传播。那么光在不均匀介质中的传播情况呢？光通过不均匀介质时一部分光会偏离原方向传播，这种现象叫作光的散射。天空呈蓝色就与光的散射有关。太阳光进入大气层时，蓝光的波长较短，与空气中的氮、氧等微小分子作用时更容易发生散射。这些散射的蓝光向四面八方传播，最终充斥整个天空，因此我们看到的天空呈现蓝色。

我的"源"创空间

我国古代的墨子不仅是墨家的代表人物,他还是中国早期对物理学有所研究、描述的人。在《墨经》中,墨子及其学派对光学现象进行了系统的观察和记录,这是世界上最早的光学实验记录之一。他们通过实验发现,光线通过小孔后会在屏上形成倒立的像。小孔成像实验不仅指出了光沿直线传播,还为后来的光学研究奠定了基础。

【搭建我的"源"创空间·实验重现】

通过简单的激光笔、牛奶和清水,我们可以在家中模拟光的散射现象:牛奶中的微小颗粒就像空气中的尘埃或水滴,当光线穿过时,光的传播路径会被"打乱",形成可见的散射光斑。通过调整牛奶浓度和光的颜色,我们就能直观地探索:为什么蓝光比红光更容易"跳舞"?混浊的液体又会如何影响光的传播?

1. 实验材料

我搭建了一个小小的物理实验工作台。根据实验的需要,妈妈帮我购买了一些实验用品:

(1)3个带孔白屏及支架,长8厘米,高12厘米;

(2)1个不带孔白屏;

(3)三色光源笔;   (4)水晶碗(或称透明碗);

(5)纯净水;   (6)纯牛奶。

图 13-1 实验材料

2. 实验步骤

步骤一：准备实验环境

（1）向水晶碗中加入适量的水；

（2）向水中加入少量牛奶，搅拌均匀，使水变得稍微混浊，以便更好地观察光线路径。

步骤二：设置白屏

（1）将不带孔的白屏放在水晶碗的一侧，作为背景屏；

（2）将带孔的白屏依次排列在水晶碗另一侧，与不带孔白屏保持平行，同时确保孔洞对齐。

步骤三：使用三色光源笔

（1）打开三色光源笔，选择一种颜色（如红色）；

（2）将光源笔对准第一个带孔白屏的孔洞，使光线通过孔洞射向水晶碗。

步骤四：观察光线路径

（1）观察光线通过水晶碗后的路径变化，记录现象；

（2）更换光源笔的颜色（如绿色、蓝色），重复上述步骤，观察不同颜色光线通过后的现象。

步骤五：调整实验条件

（1）调整水晶碗中牛奶的浓度，观察光线散射程度的变化；

（2）调整带孔白屏的位置，观察光线路径的变化。

3. 实验结果

光线通过带孔白屏的孔洞后，在水中形成清晰的红色光束路径，证明了光在均匀介质中沿直线传播。背景白屏上可观察到红色光斑，光斑亮度较稳定，边缘较清晰。更换不同颜色的光源，发现蓝光的光束路径亮度最高。增加水晶碗中牛奶的浓度，光束路径的亮度也会增强。若任意两个白屏的孔洞未对齐，光线会被白屏遮挡。

【总结与思考】

这次实验让我对光的传播有了更直观的认识，也激发了我对光学的兴趣。科学与生活息息相关，只要我们用心观察，就能发现身边的许多现象背后都隐藏着科学的奥秘。

【小贴士】

（1）实验中有哪些注意事项呢？

实验过程中，确保光源笔的光线不要直接照射到眼睛，以免造成伤害。

（2）生活中还有哪些光的散射现象？

雾天的车灯会形成朦胧的光晕，日出前或日出后的天空中会出现五彩缤纷的彩霞，这些都与光的散射有关。

（2022级6班　孙树熙）

实验 14

光魔法师——光的折射

💡 【我的"源"创空间构想之旅】

有一次我去游泳，发生了一件超级有趣的事儿！妈妈给我拍照的时候，发现照片中我在水里的上半身和下半身好像"分了家"，上半身在原地，下半身却好像跑到另外一边去了，这可把我惊呆了，究竟是怎么回事呢？

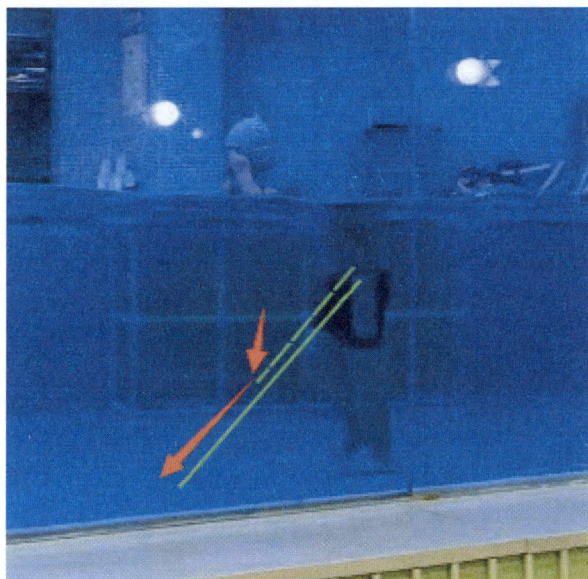

图 14-1　我在泳池里的照片

后来我查了资料才知道，这是因为光在玩"魔法"，这个"魔法"有个名字，叫作折射。光在均质空气里"走"直线，就像个乖孩子，沿着直直的路跑。可是当光从空气"跑"到水里的时候，就像调皮的小朋友，突然改变了跑步的方向，开始歪歪斜斜地跑起来。我们的眼睛顺着光"跑"过来的方向看，就会觉得东西好像改变了位置。所以在照片里，我的身体看起来就像是"分了家"。

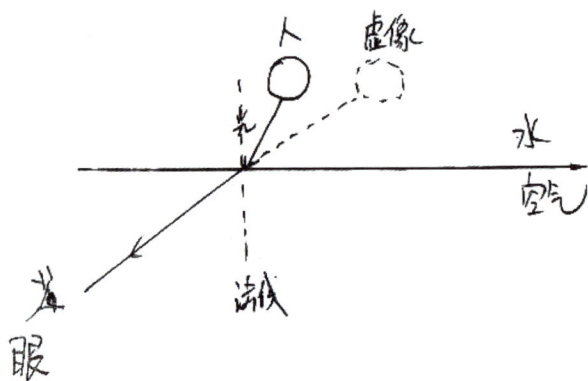

图 14-2　手绘折射原理图

【重走科学之路】

通过学习光的知识，我了解到光的折射是发生在两种不同的导光介质界面的一种物理现象。比如，空气是一种介质，水是一种介质，光线从空气斜射入水中，传播方向会发生偏折，即发生了折射现象。

那么，是谁发现了这个秘密呢？让我们一起来看看这个有趣的故事吧！

在公元 2 世纪，有一位叫托勒密的古罗马科学家，他对光线的折射现象非常好奇。他设计了一个圆盘实验：他在一个圆盘上装了两把能绕盘心旋转的尺子，把圆盘的一半浸入水中，让光线由空气射入水中，就得到它在水中的折射光线。转动两把尺子，使它们分别与入射光线和折射光线重合，然后取出圆盘，按尺子的位置刻下入射角和折射角。他发现，光线在进入水中时会"拐弯"，由于测量不够精确，他错过了发现折射定律的机会。

在随后的 1000 多年里，人们一直在不断摸索其中的原理，但是一直没有取得突破性的进展和理论依据，一直到 1618 年，荷兰科学家斯涅耳首先发现了折射定律。1637 年，法国数学家笛卡尔进一步完善了斯涅耳的光的折射定律，因此折射定律又被称为斯涅耳定律，也有人称之为笛卡尔定律。

其实在中国的历史长河中也有人很早发现了这一物理现象，比如北宋的沈括在《梦溪笔谈》中记载"阳燧取火"时，发现凹透镜成像倒置现象，将其类比船槽阻水原理，虽未明确提及折射概念，却暗合光线传播路径改变的物理本质。敦煌壁画中"虹桥饮涧"的描绘，更是古代工匠对大气折射现象的直觉捕捉。

通过科学家们的不懈努力，我们终于明白了光为什么会"拐弯"。现在，光的折射定律不仅在科学实验中有广泛应用，还在我们的日常生活中发挥着重要作用，比如眼镜、望远镜和光纤通信等。

所以，下次当你看到水中的光线"拐弯"时，别忘了这些伟大的科学家们，正是他们的好奇心和不懈探索，才让我们能够理解这个神奇的现象！

【搭建我的"源"创空间·实验重现】

让我们用一些日常生活中的物品来动手做一做，看一看光遇到水的时候路径会发生什么变化吧！

实验 1：探究光折射时的奇妙现象

1. 实验材料

（1）透明玻璃碗；

（2）激光笔；

（3）热水；

（4）洗洁精；

（5）玻璃砖。

2. 实验步骤

（1）在透明玻璃碗内倒入热水；

（2）在碗的内壁上端涂上洗洁精，防止水汽凝结在碗壁上；

（3）使用激光笔，让光线以一定角度射向水中。这个时候我们可以看到有部分光线遇到水面会发生反射，另外一部分光线会在水里改变方向。（由于激光笔功率不够，实验过程中反射光线不够明显。）

（4）接着用激光笔照射四方质地均匀的玻璃砖：

①当激光笔垂直玻璃射入的时候，光线是垂直的，且与法线重合；

②移动激光笔，改变入射角度，玻璃内的光线发生弯折，随着入射角的增大，光线弯折得更厉害，离法线越来越远。

实验2：硬币魔术

1.实验材料

（1）纸杯；

（2）硬币；

（3）水。

2.实验步骤

在纸杯底部放入一枚硬币，把纸杯移到眼睛刚好看不到硬币的地方，再缓慢倒入水，发现原本看不见的"硬币"逐渐出现在视野中。

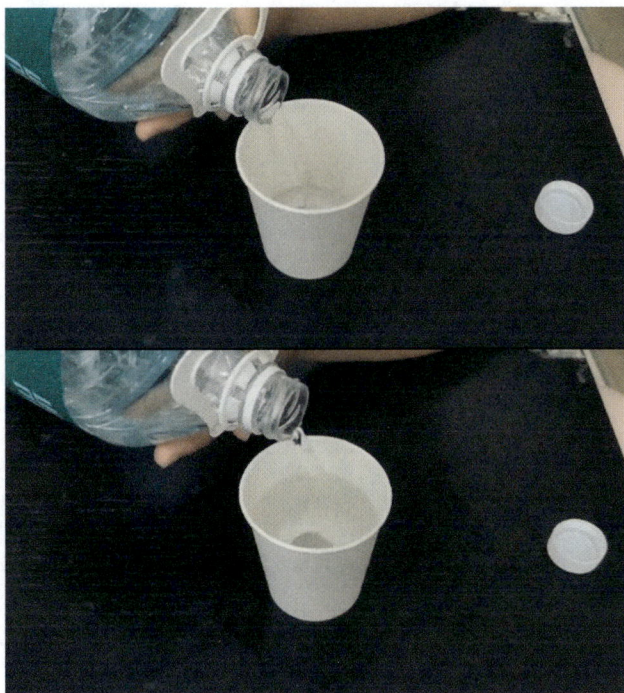

图 14-3　硬币魔术展示

【总结与思考】

其实我们周围充满着各种折射现象，人类探索真理的脚步也从未停止。从公元2世纪托勒密测量入射角与折射角的笨拙尝试，到今日纳米级光学器件的精密制造，人类对折射现象的研究从未停歇。

【小贴士】

（1）鱼儿在水里游动，如果你沿着看见鱼的方向用叉去叉它，能叉到吗？应该瞄准什么位置才更有机会叉到鱼呢？

叉鱼的时候，瞄准鱼的下方才更有机会叉到鱼。

（2）很多人喜欢早起去看日出，日出时太阳真的出来了吗？

看日出其实看到的根本不是太阳，而是太阳的"替身"虚像。因为太阳光线穿过大气层，光线会发生折射等现象，使得太阳比实际位置更高，所以你以为太阳升起来了，而实际上太阳还在地平线的下面。

下一次赖床时，如果妈妈说"太阳都晒屁股了"，我们可以回答："那是太阳的虚像，太阳可能还没起床呢！"

（2021级2班　傅奕贺）

实验 15

彩虹的秘密——光的色散

【我的"源"创空间构想之旅】

雨过天晴，天空中出现了一条彩虹。彩虹有七种颜色：红、橙、黄、绿、蓝、靛、紫，真是又美丽又神奇！我查阅资料，了解到彩虹是一种自然现象，是太阳光在传播中遇到空气中的水滴，经折射、反射后产生的。

太阳光（白光）是由多种颜色的光组成的复合光。当阳光照射到空气中的水滴时，会发生折射，由于不同颜色的光在水中的折射率不同，所以光线在水滴中会被分解成七种颜色，即红、橙、黄、绿、蓝、靛、紫。这些颜色的光在水滴内部会发生反射等，最终会从水滴中射出，形成一个彩色的光带，那就是彩虹。

可是我们看到的太阳光不是白色的吗？为什么太阳光照射水滴后，会形成这么多种颜色呢？

【重走科学之路】

在科学史上，有许多著名的科学家进行过模拟彩虹的实验，其中牛顿的三棱镜分光实验尤为经典。

牛顿找了个三棱镜，然后在大晴天的时候，把三棱镜放在太阳光能照到的地方。太阳光射进三棱镜里，神奇的事情发生了！从三棱镜另一边出来的光，不再是平常看到的白色太阳光，而是变成了一道像彩虹一样的光带，按红、橙、黄、绿、蓝、靛、紫七种颜色分布。不同颜色的光在光带里的位置不一样，红色的光偏折程度最小，看着靠上一点儿，紫色的光偏折程度最大，在光带的最下面。

通过这个实验，牛顿揭开了光的颜色之谜：原来白色太阳光是由七种颜色的光混合而成的。太阳光通过棱镜被分解成各种颜色的现象叫作光的色散。这个发现可太重要了，对后来人们研究光的学问有特别大的帮助呢！

【搭建我的"源"创空间·实验重现】

没有三棱镜，在家里也能做光的色散实验。

1. 实验材料

（1）1个无色透明的水瓶（最好是圆柱形且直径适中）；

（2）水； （3）1张白纸。

2. 实验步骤

（1）装水：将水瓶洗净，装满清水，并用瓶塞塞紧，确保瓶内没有气泡；

（2）放置光源：把水瓶倒置在桌上，让其冲着太阳光；

（3）调整位置：在已经倒置的水瓶边上，放置一张白纸；

（4）进行实验：保持头部不动，挪动水瓶，观察光穿过水瓶在白纸上呈现的颜色。

3. 实验结果

挪动调整水瓶的位置，在一定角度下，白纸上出现了彩色的光带！

图 15-1　光的色散实验

【**总结与思考**】

彩虹的形成原理与三棱镜分光实验相似，雨后的空气中有大量小水滴，这些小水滴就相当于一个个小小的三棱镜。光的色散实验不仅深化了我对光的本质的理解，也激发了我对自然现象的好奇心与科学探索精神。

【小贴士】

（1）除了雨过天晴，我们还可以在哪里看到彩虹呢？

①瀑布附近：瀑布冲击产生的大量水汽（小水滴）弥漫在周围空气中，在阳光合适的时候，很可能出现彩虹，像是挂在瀑布旁边一样，非常漂亮。

②海上或湖边：海上浪涛拍打产生的飞沫，或者湖边有风吹起的水汽，在阳光照射下，同样可能会出现彩虹。

（2）除了装水的瓶子，生活中还有哪些物品可以代替三棱镜做光的色散实验？

①玻璃花瓶：部分玻璃花瓶有着类似三棱镜的棱角，当阳光透过它时，有可能观察到光的色散现象。

②透明塑料尺：透明且有一定厚度、带有棱边的塑料尺，在光线合适的情况下，当太阳光从特定角度照射时，也能被分解出不同的颜色。

（2023级2班　金诺妍）

实验 16

魔法透镜大冒险
——跟着冰镜和"猫眼"探秘光之舞

【我的"源"创空间构想之旅】

在 2000 多年前的长安城，有位聪明的冰雕师发现了一个神奇的秘密。他把冰块削成圆圆的冰月亮，对着太阳一照，冰月亮竟然会变魔术！光线穿过冰月亮，会聚成一个小小的斑点，把艾草烤得冒出了小火苗。

2006 年夏天，两位大朋友在松花江边用冰月亮玩起了"光之魔法"。他们手持取火棒，对准用松花江冰块制成的冰透镜的焦点，成功采集了第四届全国特殊奥林匹克运动会的圣火。

你家门上是不是也有会捉迷藏的"猫眼"？从屋里看就像打开了望远镜，能看见走廊上的人来人往；但从外面向屋里看就像蒙上了神秘面纱，保护着屋里的小世界。

原来这都是"透镜家族"的魔法！冰月亮用的是胖乎乎的凸透镜，能把光线"召集"起来开热力派对；"猫眼"是瘦瘦的凹透镜和胖凸透镜的组合，一个负责张开光线大网捕捉画面，一个负责把画面变成迷你小剧场。

我的"源"创空间

1933年某个夜晚，英国人珀西·肖开车时，由于大雾和黑暗，他几乎无法看清道路。突然，他看到路边有一对发光的物体，那是路边一只猫的眼睛反射了他车灯的光线。这个神奇的相遇让珀西·肖发明了会发光的"道路猫眼"!

这个故事告诉我们，遇到问题时，要善于思考，寻求解决方案，并留意自己的特别经历，因为这可能激发灵感的火花，最终诞生对人类有益的发明创造!

【搭建我的"源"创空间·实验重现】

为了感受"猫眼"的奇妙，我们首先需要深入研究"猫眼"的核心结构——凹透镜与凸透镜的光学特性；随后，利用这些特性组装一个"猫眼"，并通过实验进行验证。

1. 实验材料

（1）1个凹透镜；　　　　　　（2）1个凸透镜；

（3）1个三线半导体激光光源；　　（4）2节5号电池；

（5）高度约2米的景观植物；

（6）1套"猫眼"散件（包括螺纹镜框、凸透镜、凹透镜、带阀门螺纹铜管各1个）；

（7）1部带摄像功能的手机。

2. 实验步骤

步骤一：研究透镜的光学性质

（1）将三线半导体激光光源安装上电池；

（2）在平整的桌面上放置凹透镜，打开激光光源，观察平行光透过凹透镜后的光路变化；

（3）在平整的桌面上放置凸透镜，打开激光光源，观察平行光透过凸透镜后的光路变化。

步骤二：验证"猫眼"的特性

（1）观察"猫眼"散件，并进行组装；

（2）从"猫眼"内部孔径观察景观植物，记录观察到的物像情况；

（3）打开手机的照相功能，对准"猫眼"内部孔径和景观植物进行拍摄，并观察照片；

（4）从"猫眼"外部镜框观察景观植物，记录观察到的现象；

（5）打开手机的照相功能，对准"猫眼"外部镜框和景观植物进行拍摄，并观察照片。

步骤三：整理

取出电池，归集整理实验材料。

3. 实验结果

（1）平行光透过凹透镜后向两边发散；

（2）平行光透过凸透镜后向中间会聚；

（3）从"猫眼"内部孔径观察外部物体时，会看到远超"猫眼"大小的视野，并看到外部物体的缩小影像；

（4）从"猫眼"外部难以看清内部的物体。

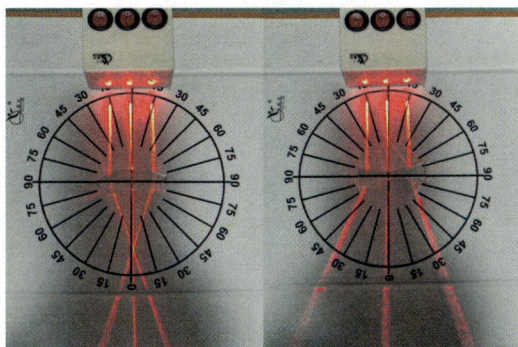

图 16-1　透镜的光学性质　　　　图 16-2　"猫眼"实验

4.实验结论

凹透镜能使光线发散，凸透镜能使光线会聚。利用透镜的光学特性可以开发出多种实用工具。

【总结与思考】

世间充满奥妙。当我们像珀西叔叔那样保持好奇心时，就能把猫的眼睛魔法变成守护大家安全的发明哦！

【小贴士】

（1）为什么"猫眼"散件中的凹透镜和凸透镜有一面是平面？

有一面是平面的凹透镜和凸透镜，其光学性质与两面对称的透镜相同。并且，由于"猫眼"的孔径较小，有一面是平面的透镜更容易安装。

（2）实验中为什么使用三线激光光源？

三线激光光源能同时发射三束高平行度的激光，便于观察光线的传播规律，而且能适应精确的光学实验要求。

（2020级1班 万锦程）

实验 17

杨氏双缝干涉实验——神奇的光波

【我的"源"创空间构想之旅】

> 不久前，我在网上看到了一个有趣的实验——杨氏双缝干涉实验。这个实验的内容是：假设在一块硬纸板上剪一个竖长条缝隙，人站在纸板前，用手电筒对着硬纸板照射，那么墙上就会映出一条光，但是如果剪了两条缝隙，墙上就会出现明暗相间的光带。好神奇啊！剪了两条缝隙不应该是出现两条光带吗？为什么会出现一条光带，还是明暗相间的呢？带着这样的疑问，我决定亲自动手做一做这个实验。

【重走科学之路】

通过上网查阅相关资料，我明白了这其实是光的干涉现象。英国物理学家托马斯·杨在 1801 年最早完成了光的干涉实验。他用强光照亮一条狭缝，通过这条狭缝的光再通过双缝，发生干涉。因此这个实验被称为杨氏双缝干涉实验。

我继续查阅资料，了解到光具有波粒二象性，即它既具有波动性，又具有粒子性。不过关于光到底是粒子还是波，在历史上曾有过很长时间的争论。一开始人们觉得光可能是一种类似水波的波动，就有了光的波动说。1666 年，牛顿通过三棱镜进行了著名的色散实验。后来，他便用微粒说简单、通俗地解释了一些光学现象，因而很快获得了人们的承认和支持。直到 1801 年，托马斯·杨进行了著名的双缝干涉实验，它有力地证明了光是一种波，从而为光的波动说奠定了基础。但是 19 世纪末科学家又发现了光电效应，这种现象无法用波动说解释。20 世纪初，爱因斯坦提出了光子说，认为光具有粒子性。

![显微镜图标] **【搭建我的"源"创空间·实验重现】**

我想试试用简单的材料，在家是不是就能完成杨氏双缝干涉实验。

第一次实验：

1. 实验材料

（1）纸箱板；　　　　　　　　（2）美工刀；

（3）双面胶；　　　　　　　　（4）手机（手电筒）。

2. 实验步骤

（1）将纸箱板用美工刀切成 4 个小正方形、1 个细长的长方形，还有 1 个大长方形；

（2）在 1 个小正方形上面刻一个圆形，在另 1 个小正方形上面刻出 2 条细长的缝隙；

（3）将剩下的 2 个小正方形分别粘在上述 2 个小正方形的底部，作为底座。这样便做好了立着的圆孔及双缝；

（4）将大长方形粘在细长长方形的下方，这样便做好了观察板；

（5）按顺序放置好圆孔、双缝及观察板，用手机照射出的光作为光源，透过圆孔及双缝，观察现象。

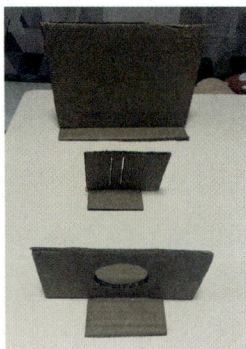

3. 实验结果

在观察板上只看到了两条光带，并没有看到多条明暗相间的条纹及干涉现象。

图 17-1
第一次实验示意图

图 17-2
第一次实验结果图

第二次实验：

1. 实验材料

（1）激光笔；　　　　　　（2）双缝片；　　　　　　（3）观察白板。

2. 实验步骤

（1）拼搭双缝片与白板；

（2）用激光笔射出的激光作为光源，透过双缝，观察现象。

3. 实验结果

在观察白板上可以明显地看到干涉现象。

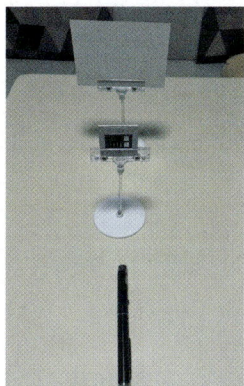

图 17-3　第二次实验装置图　　图 17-4　第二次实验结果图

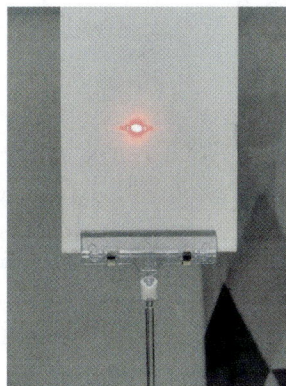

【 总结与思考 】

相同的构思，相同的步骤，但是两次实验的结果却不一样，我查询了杨氏双缝干涉实验的一些注意点及前提条件，分析第一次实验失败可能的原因是聚光的孔和双狭缝都太大了，且彼此距离不够远。这也是为什么这个实验看似很简单，但是长久以来并没有被人们观察到结果的原因之一吧。从中我也体会到了科学发现的不易，必须要有足够的耐心和严谨的态度，反复实验，才可能获得成功。

【小贴士】

（1）杨氏双缝干涉实验选择的是单色光，如果用白光代替单色光，会有什么变化？

白光代替单色光后，杨氏双缝干涉实验的条纹将从"单一颜色的均匀亮暗条纹"变为"中央白色、两侧彩色条纹"的序列。这一现象本质上是由于不同波长的光干涉条纹位置不同，体现了光的波动性和色散特性。

（2）杨氏双缝干涉实验利用了光的干涉证明了光是一种波，那生活中还有哪些类似的干涉现象呢？

①水波的干涉现象：往平静的水面同时投入两颗石子，会看到两圈水波向外扩散，相遇时形成交错的明暗条纹（振动加强区与减弱区）；

②声波的干涉现象：将两个音箱（播放相同音乐）并排或对称放置，靠近音箱的某些位置可能听到声音特别响亮，而移动几步后声音会突然变轻甚至几乎消失。

③WiFi信号的干涉现象：同一房间内，靠近路由器的位置信号未必最强，反而某些角落可能因多路径信号叠加出现"信号热点"，如书桌下方因地板和墙壁的反射，信号会增强。

（2021级9班　郑思辰）

实验 18

不同缝数光衍射现象观察实验

【 我的"源"创空间构想之旅 】

在一次夜晚仰望星空时，我注意到星星的光芒在穿过云层时会变得模糊而分散。这不禁让我思考：光是如何传播的？为什么看似笔直的光线在遇到障碍物时会产生奇妙的变化？带着这样的疑问，我查阅了资料，第一次接触到了"光的衍射"这一概念。当光通过狭缝或绕过障碍物时，会展现出波动性特有的现象，这瞬间点燃了我对物理世界的探索热情。

物理不仅是公式与定律的集合，更是一种观察世界、揭示自然本质的语言。我开始用物理的眼光重新审视周围的事物：阳光透过百叶窗在地板上形成明暗相间的条纹，水波遇到石块后产生的涟漪扩散……这些现象背后，似乎都隐藏着光与波的秘密。为了更深入地理解光的衍射原理和变化规律，我决定亲自搭建一个简单的实验装置，通过实践来验证理论。

【重走科学之路】

光的衍射现象在科学史上曾引发激烈的争论,最终推动了波动光学理论的建立。

1. 历史人物与波动光学的突破

17世纪,荷兰物理学家惠更斯提出"惠更斯原理",认为光是一种波动,其传播过程中每个点都可视为新波源。这一理论为解释衍射现象奠定了基础。

19世纪,法国工程师菲涅耳将惠更斯原理与干涉原理结合,提出"惠更斯—菲涅耳原理",定量解释了光的衍射现象,并成功预测了衍射图样的分布规律。

2. 重大发现与理论完善

菲涅耳通过数学推导,得出了单缝衍射光强分布的公式,证明了光通过狭缝后会在屏幕上形成明暗相间的条纹。这一发现不仅验证了光的波动性,也为后续光学仪器(如显微镜、望远镜)的设计改良提供了理论支持。

【搭建我的"源"创空间 · 实验重现】

我在书房的墙边空间布置了一个"光学实验角"。两个可调节高度的支架被固定在小桌两端,其中一个支架用于固定单缝镜片,另一个则用于支撑红色激光笔。为了确保实验效果,我选择了一面平整的白墙作为接收屏幕,四周少有自然光照射,能减少环境光的干扰。

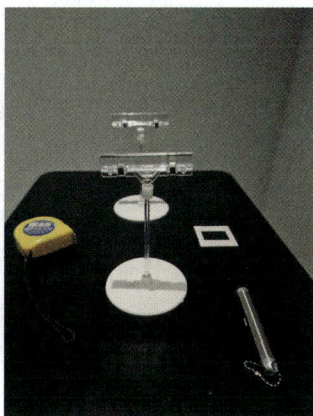

图 18-1　工具摆台

1. 实验构思

　　根据单缝衍射原理，当激光通过狭窄的单缝时，由于光的波动性，会在屏幕上形成一系列明暗相间的条纹。通过切换单缝、双缝、多缝镜片，可以观察到条纹间距的变化，从而验证衍射规律。

2. 实验材料

　　（1）单缝、双缝、多缝镜片（缝宽约 0.1 毫米）各 1 片；

　　（2）2 个支架；

　　（3）红色激光笔（波长约 650 纳米）；

　　（4）卷尺。

3. 实验步骤

　　步骤一：搭建实验装置

　　（1）将两个支架平行放置在桌面上，间距约 30 厘米；镜片支架距离白墙 2 米；

　　（2）在镜片支架上固定单缝镜片，确保狭缝竖直；在另一个支架上固定激光笔，调整高度使激光束水平对准单缝中心；

　　（3）关闭室内灯光，提高投影清晰度。

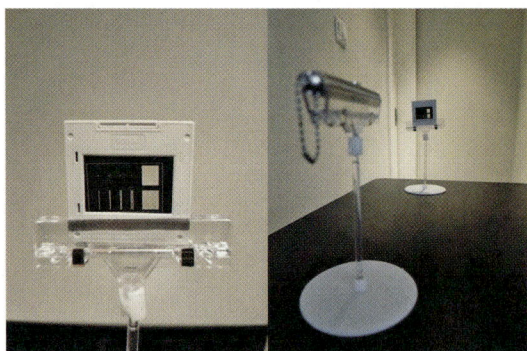

图 18-2　搭建实验装置

步骤二：观察衍射图样

（1）打开激光笔，使光束垂直通过单缝；

（2）观察墙壁上的光斑：若未出现条纹，需微调激光角度或检查单缝是否清洁。用卷尺记录中央亮纹的宽度及相邻暗纹的间距；

图 18-3　激光直接射在白墙的效果

（3）更换不同的镜片（如双缝、多缝）重复实验，记录结果。

4. 实验结果

（1）单缝镜片：当激光通过单缝后，墙面上会呈现中央亮纹最宽、两侧对称分布明暗相间条纹的衍射图样。中心最大亮纹宽度约为 2 厘米；次级亮纹宽度约为 0.7 厘米，并逐步变短、变暗；

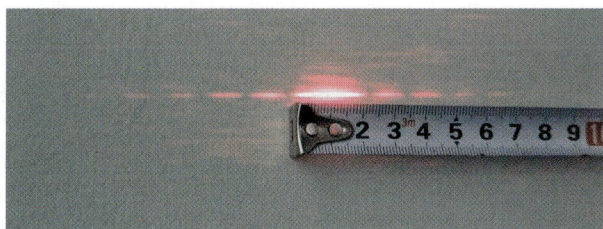

图 18-4　单缝镜片效果

（2）双缝镜片：相同支架间距离，出现双缝干涉，中心最大亮纹呈 5 段，每段宽度约为 0.4 厘米，产生明暗相间的干涉条纹，中心亮纹与两侧的次级亮纹亮度基本相同；次级亮纹条纹间距均匀，每 2 段相隔，每段宽度约为 0.3 厘米，并逐步变短、变暗；

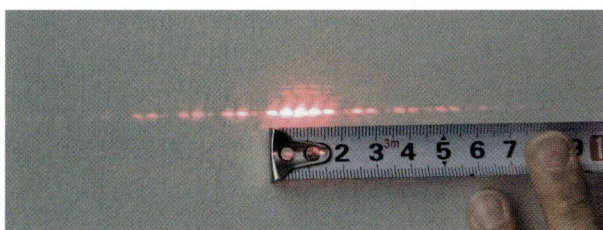

图 18-5　双缝镜片效果

（3）三缝镜片：相同支架间距离，除了单缝衍射的中心亮纹和次级亮纹外，还会出现干涉条纹。中心最大亮纹呈 5 段，每段宽度约为 0.4 厘米；次级亮纹每 2 段相隔，每段距离更短、似点状，宽度约为 0.2 厘米，并逐步变短、变暗。亮纹的分布更加复杂，会出现一些特殊的亮度变化；

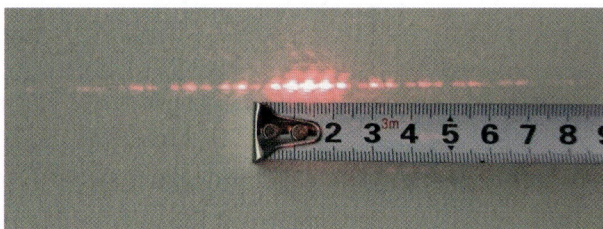

图 18-6　三缝镜片效果

（4）四缝镜片：相同支架间距离，与三缝类似，但条纹分布更加复杂。亮纹的分布更加密集，条纹间距更小。中心最大亮纹呈5段，每段宽度约为0.3厘米；次级亮纹每2段相隔，每段宽度约为0.2厘米（与三缝镜片效果相似），并逐步变短、变暗；

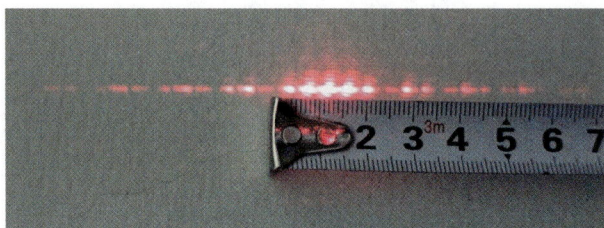

图 18-7　四缝镜片效果

（5）多缝镜片：相同支架间距离，产生非常清晰的明暗相间的条纹，亮纹数量较多，条纹间距均匀、对称；中心最大亮纹变为3个点状，间隔约为1厘米；次级亮纹均呈点状，有序排列，逐步变暗。

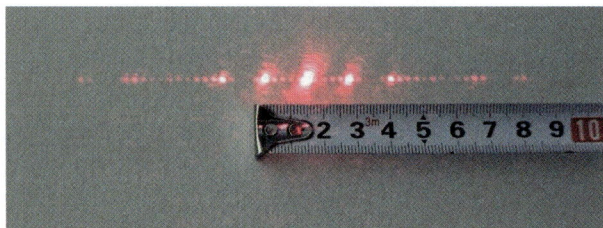

图 18-8　多缝镜片效果

5. 实验结论

（1）条纹间距

①单缝衍射：条纹间距较大，中心亮纹最宽；

②双缝干涉：条纹间距均匀，条纹间距较大；

③多缝衍射：条纹间距较小，亮纹数量较多。

（2）条纹亮度

①单缝衍射：中心亮纹最亮，次级亮纹亮度逐渐减弱；

②双缝干涉：条纹亮度均匀；

③多缝衍射：条纹亮度较高，中心亮纹最亮。

（3）条纹分布

①单缝衍射：条纹分布较稀疏；

②双缝干涉：条纹分布均匀；

③多缝衍射：条纹分布密集，亮纹数量多。

【总结与思考】

（1）通过实验，我直观地观察到光的波动性特征：原本笔直的激光束通过单缝后，竟在屏幕上形成规律的明暗条纹。当更换为双缝及多缝镜片时，条纹间距、亮度、宽度等都发生明显变化，并且与理论预测完全一致。

（2）实验中，我也遇到了一些挑战：初次调整激光笔角度时未能对准单缝，经过耐心调准后终于获得清晰的图样。这些经历让我体会到，科学探索不仅需要严谨的理论知识，更离不开细致的观察与反复的实践。

我的"源"创空间

（3）光的衍射实验不仅是一次对物理原理的验证，更让我感受到光的波动性与粒子性的微妙平衡。正如菲涅耳所言："光是波动的诗篇。"而亲手重现这一诗篇，正是科学探索最迷人的部分。

【小贴士】

若将实验中的红色激光（单色光）替换为白光（复色光），通过多缝镜片时观察到的衍射条纹会出现什么特殊现象？

当使用白光（包含多种波长的复色光）替代单色激光时，多缝衍射的条纹会呈现彩色分布。

（2020 级 2 班 单隽翔）

Re
变化的 热

实验 19

水宝宝的"变形"大探秘
——水的三态变化实验

【我的"源"创空间构想之旅】

区分一个现象是物理变化还是化学变化最简单的方法就是看有没有新物质生成。

水是我们日常生活中最常见的物质之一,它以各种各样的形态出现在我们身边。固态、液态和气态是水常见的三种状态。通过查阅资料,我知道水的三态变化都是物理变化,没有新物质生成,只是形态发生了变化。可是,明明都是水分子,为什么有时候会流动,有时候会结冰,有时候却又看不见、摸不着呢?

寒假期间,我决定在家搭建自己的物理"源"创空间,搞明白这个困扰我很长时间的疑问。

【重走科学之路】

当我知道同一个物质在不同的压力、温度下会有不同的形态,我好像重新认识了世界。

我的"源"创空间

最常见的例子是水，水在常温下是液体，加热让水沸腾后，液态水越来越少，但水并没有消失，而是变成水蒸气了，这个过程叫作汽化；把水降低温度，水会结冰，从液体变成不能流动的固体，这个过程叫作凝固。

水蒸气只有在很高温度时存在，一旦温度降低，水蒸气就会重新凝聚成小水珠变为液体，这个过程叫作液化；水蒸气在很大的压力下还可以直接变成固体的冰，这个过程叫作凝华，不过我在家里很难观察到。

固体的冰放在温暖的环境，会化成液态水，类似塑料、金属等材料加热后变软化开，这个过程叫作熔化；固体冰也可以直接变成水蒸气，这个过程叫作升华，我也没法在家里观察到。

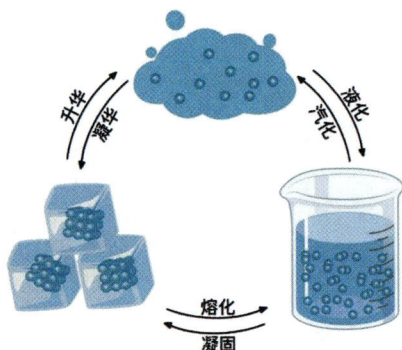

图 19-1　水的三态转化过程

查阅了很多资料，我知道这一切变化的原因，都是因为水分子排列结构的不同。同样质量的水，在不同的形态下，占据的空间（也就是体积）是不同的。

虽然我们看不到水分子，但可以用一些简单的方法来推测它们的状态。比如，把水冻成冰，会发现冰的体积比液态水大，这是因为冰里的水分子有序地排成了一个"大架子"，把空间撑开了。而水蒸气里的水分子则像一群自由飞翔的小鸟，到处乱跑，所以占据的空间更大。

为了让我能更清楚地理解为什么水会有这么多不同的形态，妈妈还帮我画了水分子的结构示意图。我发现在固态中，水分子整齐有序地排列成晶体，但是没有液态中密集，所以宏观上冰的密度比水小；在气态中水分子之间距离非常疏远，水蒸气体积大而密度小。虽然我们没有特殊的仪器，但通过小实验和示意图，也可以在家里简单地观察水的三态变化，并理解这个物理变化中水分子占空间大小的变化。

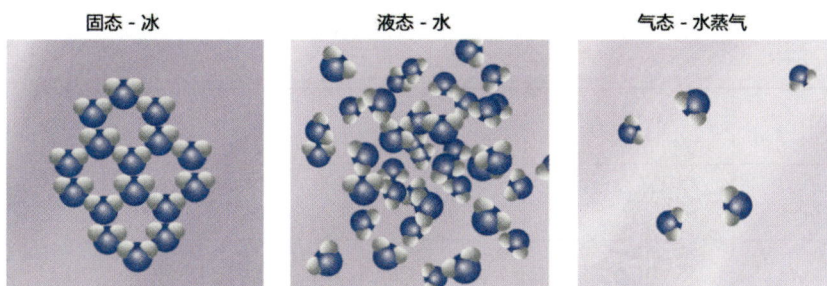

图 19-2 水分子在不同形态下的结构示意图

【搭建我的"源"创空间·实验重现】

1. 实验材料

日常生活中虽然经常可以观察到水的三态变化，但是为了更仔细地观察到水在变化过程中的现象，精确测量各种数据，我准备了以下实验材料：

（1）温度测量工具：电子温度计；

（2）玻璃器皿：带刻度的玻璃量筒、锥形瓶；

（3）可用于盖在锥形瓶瓶口的塑料小盖片；

（4）加热设备：酒精灯、三脚架、石棉网；

（5）安全设备：防烫手套、防护服、纸巾等；

（6）实验记录纸和笔。

2. 实验步骤及现象

实验 1：观察固态水⟷液态水的温度变化

（1）准备量筒和适量水；

（2）将量筒水平地放在冰箱里，直至水结冰；

（3）将装着冰的量筒从冰箱取出，室温 25℃下等待冰熔化；

（4）用温度计测试量筒中液体的温度，数据记录如表 19-1 所示：

表 19-1　实验结果

时间	10:45	10:58	11:15	11:40
温度	2.8℃	3.5℃	13℃	20℃
现象	冰的熔化是从周边到中间的，与量筒接触的冰先熔化，而漂在水中间的冰很久才会熔化；另外，冰看上去是白的，而不是像水一样透明的。			
思考	量筒中冰的熔化是从周边到中间，我认为是因为中间的冰被周边的冰"保护隔离"起来，而周边的冰贴着量筒壁，更容易受到室温的影响先熔化。我试着用手捂住量筒，可以看到量筒中的冰一下子化开，从量筒壁脱落了。我观察到冰是白色的，猜测是因为水里有气泡，结冰后变白了。妈妈说这与冰的结构及光的反射有关，可能需要查阅更多资料来帮助我理解这个现象。			

实验 2：观察固态水⟷液态水的体积变化

（1）在量筒中加入半杯水，准确记录此时量筒刻度 V_1；

（2）将量筒水平地放在冰箱里，待水结冰；

（3）拿出量筒，准确记录此时量筒刻度 V_2；

（4）重复以上步骤 2 次，数据记录如表 19-2 所示：

表 19-2 实验结果

实验	1	2	3
V_1	10.0 毫升	10.0 毫升	10.0 毫升
V_2	11.0 毫升	10.9 毫升	11.0 毫升
V_1/V_2	0.91	0.92	0.91
现象	水结冰后体积变大		

实验 3：观察液态水 ⟷ 气态水的温度变化

（1）将装了半瓶水的锥形瓶放在石棉网上，瓶口用一个塑料小盖片盖上；

（2）用酒精灯加热锥形瓶，观察并记录水的升温过程如表 19-3 所示：

表 19-3 实验结果

时间	8:10	8:15	8:20	8:25	8:30	8:35
温度	25.7℃	40.5℃	62.8℃	82.0℃	100.1℃	100.2℃
现象	瓶底有小水珠	瓶口有气体出现	瓶口上方气体变成水	有水蒸气冒出，在瓶口上方变成水滴	塑料片变形，瓶口周围很多水蒸气，瓶口布满小水滴	瓶底产生大量气泡

我的"源"创空间

实验4：观察液态水 ⟷ 气态水的体积变化

（1）将装了半瓶水的锥形瓶放在石棉网上，瓶口用塑料小盖片盖住；

（2）用酒精灯加热锥形瓶，观察水的沸腾和塑料片的变化：瓶口的水蒸气温度很高，把塑料片烫变形了，所以预想的水蒸气把塑料片顶起来"跳跃"的现象实际上观察不到；由于水蒸气本身温度很高，而遇到低温马上会凝聚成水滴，所以很难观察到水蒸气的体积。

【总结与思考】

这次对水的三态变化的探索带给了我很多新奇与震撼，加深了我对水的物态变化的认识。

实验后，我和妈妈讨论了很多日常生活中随处可见的自然现象，比如清晨在树叶上看到的露水就是秋天晚上变冷，水蒸气遇冷液化凝聚在树叶上的小水珠；冰雹是大气中的水蒸气遇到冷空气结成的冰，而天气没有那么冷时，水蒸气遇冷变成小水珠下落就形成了雨；有些地方不管气温多低，既不下雨也不下雪，是因为大气中缺少足够的水蒸气。

伟大的科学家爱因斯坦说过："学习知识要善于思考、思考、再思考，我就是靠这个学习方法成为科学家的。"生活中各种现象天天都在发生，不细心观察就会错过，只有对发生的一切现象都保持好奇心和探索心，才不会错过那些重大的发现！

【小贴士】

（1）实验过程中使用酒精灯加热水时，应该注意什么？

当我们用酒精灯加热水时，水会变得很烫，所以要小心不要碰温度很高的容器，避免烫伤。可以请大人帮忙，或者戴上隔热手套。另外，加热时不要离实验装置太近，以免被水蒸气烫到脸哦！

（2）把冰块放在容器里，等它熔化后，容器的总质量会变吗？

其实不会哦！冰块熔化成水后，虽然形状变了，但水的质量是不变的，所以容器的总质量也不会变。不过，如果所放冰块的体积大于容器的容量，冰块熔化时，有水溢出容器，那就会影响容器的总质量了。

（2021 级 3 班　王蕴晔）

实验 20

气体热胀冷缩实验——有趣的空气

💡【我的"源"创空间构想之旅】

你知道吗？空气虽然看不见，但它其实是由很多不同种类的气体组成的。从物理学的角度看，空气有一个特别酷的特性，就是它无处不在，我们称之为"无处不在的物流"。想象一下，如果你把一个空盒子打开，空气就会悄悄地跑进去，填满整个空间。这就是空气的流动性，它总是从气压高的地方流向气压低的地方，它就是自然界最勤劳的"隐形快递员"，把鲜花的芬芳、绿叶的清香带到我们身边。

空气还会一种更酷的"变形术"——当温度变化时，空气会像被施了魔法一样膨胀或收缩！想象一下，夏日正午你给自行车车胎打满气，结果车胎在烈日下"砰"地爆开，这就是因为气体分子在高温中"疯狂跳舞"，剧烈碰撞导致车胎压力增大，体积膨胀至极限。相反，冬天把灌满气体的塑料瓶放进冰箱冷冻室，瓶身会被压得咯吱作响，仿佛有只看不见的手在捏扁它，其实是气体受冷缩成一团，外界大气压趁机把瓶子压扁。只要细心观察，类似的气体热胀冷缩现象在我们的生活中随处可见。

为什么会发生这类现象，我们得钻进微观世界看看：常温下气体分子像在操场上匀速跑动的孩子，彼此保持礼貌距离；一旦受热，它们就像喝了能量饮料般加速冲刺，不仅跑动范围扩大，碰撞力度也增强，迫使气体占据更大空间——这就是热胀。而遇冷时，气体分子如同进入慢动作模式，瑟瑟发抖地挤在一起节省空间，于是整体体积缩小——这便是冷缩。这种特性让空气成为绝佳的"温度感受器"：孔明灯能载着火光升空，全靠灯内热空气膨胀后密度小于外界冷空气密度。更有趣的是，连大自然都在利用这个原理雕刻地貌——沙漠中的岩石白天被晒得滚烫，内部空气膨胀撑开缝隙，夜晚降温后冷缩产生应力，日复一日竟让坚硬岩石裂解成沙粒！下次拧开被阳光暴晒过的矿泉水瓶时，留心听那"嘶"的放气声，那是膨胀的空气正急不可耐地逃逸呢！你看，这些看不见的气体小精灵，正用热胀冷缩的魔法悄然改变着我们的世界。

【重走科学之路】

你知道吗？几百年来，科学家们努力研究空气，观察空气热胀冷缩的现象，并通过各种巧妙的实验慢慢揭开了空气会"变胖变瘦"的秘密！比如 300 多年前的意大利科学家伽利略，有一天，他突发奇想，把玻璃瓶倒扣进装满水的盆里，又在瓶口插了一根细细的玻璃管。当他用手掌紧紧捂住冰凉的玻璃瓶时，神奇的事情发生了——玻璃瓶里的水突然"哧溜哧溜"往下滑，像是被看不见的怪物吸走了。然后他又把冰块裹在瓶子上，结果水柱又像被施了魔法，"咕嘟咕嘟"顺着管子往上爬，最后在瓶口冒出一串小泡泡！原来，瓶子里的空气受热迅速膨胀，硬是把水挤出了瓶子；可当冰块让瓶子冷却时，空气又立刻收缩，腾出的空位就让水趁机钻了进来。通过这个实验，人们第一次发现：原来看不见摸不着的空气，竟然会随着温度"变胖变瘦"！

科学不是枯燥的公式，而是藏在生活里的超级魔术——只要你愿意当个好奇的"小侦探"，连呼吸的空气都会变成帮你实现梦想的魔法师！

【搭建我的"源"创空间 · 实验重现】

在爸爸妈妈的帮助下，我们在家搭建了一个小小的"源"创物理实验空间，它就像一个神奇的宝藏屋，里面藏着好多有趣的秘密。爸爸说我可以像小小科学家一样，在"源"创空间里探索世界的奇妙。

现在，让我们通过一些简单的实验来观察空气的热胀冷缩特性吧！

1. 实验材料

（1）透明塑料瓶（可利用空饮料瓶）；

（2）水杯；　　　　　　　　　（3）盘子；

（4）色素；　　　　　　　　　（5）常温水和热水。

2. 实验步骤

（1）将色素倒入装有常温水的盘子中，搅拌均匀，使水呈现出颜色，便于后续观察现象；

（2）将透明塑料瓶瓶口朝下放入盛有热水的水杯中 10 秒；

（3）迅速将瓶子从热水杯中取出，依旧瓶口朝下放入盛有彩色水的盘子中。

3. 实验结果

彩色的水进入了瓶子。

4. 实验结论

空气存在热胀冷缩现象。瓶子内的空气受热后会膨胀，将受热后的瓶子倒置放入装有常温彩色水的盘子中，瓶子内的空气温度降低同时体积缩小，在外界大气压的作用下，彩色水会进入瓶子内填补空气收缩后的体积，以平衡瓶子内外空气压力。

【总结与思考】

把瓶子倒置在热水里泡完再移至常温水中，水自己就"跑"进了瓶子里，真是太神奇了！空气看不见，却能通过实验看到它的"力量"。这次实验让我明白，科学无处不在，只要细心观察、动手尝试，就能发现很多秘密。科学真好玩，我以后要多做实验，发现更多秘密，长大当科学家。

【小贴士】

（1）热气球升空是不是与空气热胀冷缩有关?

是的，热气球升空的原理与空气热胀冷缩有关。热气球里的空气被加热膨胀，热空气比周围冷空气轻，所以热气球就会上升。当停止加热，热空气逐渐冷却收缩，热气球就会慢慢下降。

（2）其他物质会不会也像空气一样热胀冷缩，比如水、金属等?

很多物质都有热胀冷缩的特性，但表现有所不同。比如水，在通常情况下受热会膨胀，受冷会收缩，不过在低温结冰时会出现反常膨胀。金属也有热胀冷缩的现象，比如夏天铁轨会因为高温膨胀而变长，人们通过专门的设计来应对这种变化。固体、液体都有热胀冷缩特性，只是程度不同，这在我们生活和生产中都很常见。

（2023级5班　高浩岚）

实验 21

塑料瓶里的"造风工厂"
——风的形成实验

【我的"源"创空间构想之旅】

大自然里到处都是物理知识的"活教材",总能勾起我的好奇心。雨后出现的绚丽彩虹,天空中形状多变的云朵,还有风、雨、雷、电等天气现象,这些是怎么形成的呢?这些疑问驱使我去探索、去实验。

爸爸妈妈为了支持我对大自然物理知识的探索,培养我实验操作的能力,在家里搭建了一个小小的"源"创空间。通过收集大自然中的素材,自主大胆地开展实验,我的动手能力和创造性思维能力都有了提高,小小的"源"创空间成了我打开科学之门的一把钥匙。

我在"源"创空间里做了很多与大自然现象相关的实验,对很多科学知识有了更加深刻的理解。比如,你们知道风是怎么产生的吗?

【重走科学之路】

很久很久以前，人们还不知道风是怎么来的。那时候的人们只知道风吹来的时候，感觉凉凉的，有时候风还很大，能把树木吹歪，把房子吹坏。他们就觉得风是一种很神奇很厉害的东西，好像受某种神秘的力量控制，所以很多人都把风当作是神灵操纵的，还会向风神祈祷，希望风不要带来灾难。

后来到了古希腊时期，有一些聪明的人开始思考，风到底是怎么回事。有位叫亚里士多德的科学家，认为风是空气的流动。他发现热的空气会往上升，冷的空气会往下沉，空气这样跑来跑去，就形成了风。不过那时候，他并没有特别多的证据直接证明这一点，完全是凭着自己的观察得出的结论。

到了 17 世纪，法国科学家笛卡尔也研究了风的形成，他觉得空气是由很多很小的东西组成的，这些小东西会因为各种原因动起来，于是就形成了风。

到了 18 世纪，瑞士科学家伯努利发现空气流动快的地方，压力就小；空气流动慢的地方，压力就大。这个发现非常重要，能解释很多与风有关的现象。比如当我们拿着两张轻薄的纸，往两纸中间吹气，纸就会往中间靠近，这是因为中间空气流动快，压力小，纸两边的压力大，就把纸压向了中间。

到了现在，科学家们已经研究出了更全面的风形成的原理：被太阳光照着的地方热，没照着的地方冷。热的空气变轻会上升，使近地面形成低气压，高空形成高气压。冷空气下沉，近地面形成高气压，高空形成低气压。在水平方向上，空气会从高气压区流向低气压区，这样就产生了风。风的大小、方向还与地球自转、地形等有关。

![微标] **【搭建我的"源"创空间·实验重现】**

让我们通过一个简单的实验看看风是如何形成的。

1. 实验材料

（1）1大1小2个空塑料瓶；

（2）蜡烛；

（3）2根蚊香；

（4）本子；

（5）打火机。

2. 实验步骤

步骤一：准备实验器材

（1）剪掉大塑料瓶的底部；

（2）将小塑料瓶从颈部剪开，保留瓶口部分；

（3）将大塑料瓶瓶壁剪开一个圆口，尺寸与小塑料瓶瓶口一样；

（4）将小塑料瓶瓶口插入大塑料瓶的圆口。

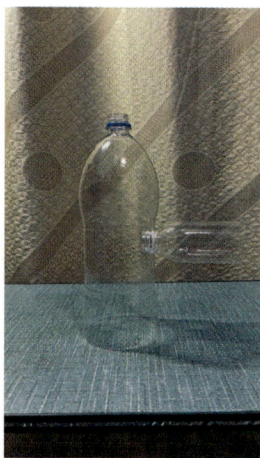

图 21-1　组装好的实验器材

步骤二：观察蜡烛火苗

将蜡烛垂直放置在桌面，点燃蜡烛，此时蜡烛的火苗是笔直向上的。

图 21-2　点燃蜡烛

步骤三：罩上实验塑料瓶，观察蜡烛火苗方向变化

（1）将大塑料瓶罩在蜡烛上，当小塑料瓶瓶口在蜡烛左侧，对着蜡烛的火苗时，火苗偏向了右侧；

（2）调换瓶口方向，火苗偏向了左侧。

图 21-3　小塑料瓶瓶口在蜡烛左边　　图 21-4　小塑料瓶瓶口在蜡烛右边

步骤四：进一步观察蜡烛火苗方向变化

（1）用本子堵住大塑料瓶瓶口，蜡烛的火苗又恢复垂直向上；

（2）撤走本子，点燃2根蚊香，从小塑料瓶瓶口伸进去，蜡烛的火苗又向另一方向偏移，蚊香的烟雾飘向了火苗的同一方向，过了一会儿，还飘到了大塑料瓶的瓶口。

图 21-5　用本子堵住大塑料瓶瓶口　　图 21-6　点燃蚊香靠近小塑料瓶瓶口

3. 实验结果

当蜡烛的火苗笔直向上时，表示没有风吹过，当蜡烛的火苗向另一方向偏移时，表示有风从小塑料瓶的瓶口吹向瓶内。

当大塑料瓶瓶口被本子堵住后，蜡烛火苗恢复笔直向上，说明风消失了。此时瓶内的空气出不去，瓶外的空气也进不来，空气停止了流动。

拿点燃的蚊香接近小塑料瓶瓶口，蚊香的烟雾让空气的流动情况显示得更加清楚。

4. 实验结论

塑料瓶内点燃的蜡烛释放热量，将瓶内的空气加热，空气被加热后密度变小会上升，就从上方的瓶口飘了出去，瓶内气压变小，瓶外的常压冷空气便从小塑料瓶的瓶口流进了瓶内，填补热空气上升后留下的空间，空气就这样流动了起来，于是风就产生了。

所以，空气流动是风形成的原因。

【总结与思考】

通过这个实验，我发现其实科学一点儿也不枯燥，好像魔法一样，藏着好多小秘密。自己动手做实验可比只看书本上的文字有趣多了，能亲眼看到风的成因，这种感觉非常棒。我以后还要做更多科学实验，去探索大自然里更多神奇的现象！

通过探索大自然中的物理现象，我们能更深入地了解周围的世界，知道万物运行的规律。这种对世界的了解会让我们感到兴奋和满足，也让我们更加明白人类与自然的紧密联系。

【小贴士】

（1）实验时为什么要点燃蜡烛？

燃烧的蜡烛能加热瓶内的空气，空气受热后上升，才能形成空气流动产生风。

（2）平时生活中，还有哪些地方能看到风的形成？

烧柴火时，柴火附近空气受热上升，周围冷空气补充，会形成风；打开空调时，空调吹出的冷风让周围空气流动，也会形成风。

（2020 级 6 班　杜沁宸）

实验 22

自动旋转的小杯灯——空气的热对流

【我的"源"创空间构想之旅】

在盛夏季节，我们常听到气象局会发布天气预报："今天晴到多云，午后局部地区有阵雨或雷雨，并伴有短时强降水和雷雨大风。"

我一直很好奇：为什么夏天的午后常常会有雷阵雨天气？

通过查询相关知识，我了解到：局地性的阵雨或雷雨往往是由局地热对流导致。局地热对流是指由于地表受热不均匀，导致局部地区空气温度升高，暖空气上升，周围较冷的空气补充进来，形成的一种局部性对流现象。这种现象在夏季尤为常见，尤其是在午后，此时太阳辐射强烈，地表迅速升温。

除了阵雨，夏天的局地热对流往往还会带来雷暴、冰雹、大风等灾害天气，这让我对形成这类天气现象的空气热对流产生了浓厚的兴趣。我想要在家中创造一个模拟空气热对流的实验空间，通过研究和观察，从而更深入地了解我们周围这个看不见也摸不着，却无处不在的空气。

【重走科学之路】

1. 历史上最早的空气热对流科学实验

美国加州森林与山区实验站的科学家锡金斯在研究不同树种的种子在空气中的降落速率差异时发现暖空气上升对种子下落的影响。于是他在 1933 年设计了一个在密闭空间中的种子降落实验：为排除外部气流干扰，锡金斯选择加州大学伯克利分校钟塔的升降机井（高 60 米）作为实验场所。井内空气静止，便于观察纯热对流效应。实验过程中，锡金斯注意到井内暖空气上升导致的气流扰动会影响种子的下落轨迹。尽管实验主要目的是研究种子传播，但观察到的这一现象揭示了热对流对物体运动的显著影响，成为早期系统性研究热对流的实例。

锡金斯的实验首次在可控环境中记录了热对流对物体运动的实际影响，为后续流体力学研究提供了实证基础，他虽然未进一步探究热对流机制，但他的实验设计被后世视为热对流研究的先驱案例。

如果以系统性实验设计为标准，锡金斯所做的种子降落实验可视为最早结合热对流现象的科学实验之一。而更早的热对流应用（如走马灯、孔明灯、热气球）虽未形成理论体系，但为科学实验提供了实践基础。热对流研究从现象观察到定量分析的转变，标志着人类对空气动力学认知的深化。

2. 空气热对流原理

在设计我的"源"创空间实验之前，我首先对空气的热对流原理进行了详细的学习和了解。

空气热对流的物理过程：空气受热后体积膨胀，密度减小。此时，周围环境空气的温度低、密度大，高温区域的低密度热空气形成上浮的趋势。当浮力大于冷热空气间的黏滞阻力时，热空气发生上升运动。

3. 科学演示实验

在 19 世纪的科学教育中有两个常用的科学演示实验，通过点燃蜡烛加热空气，观察烟雾上升或悬挂纸蛇旋转的现象，直观展示了热空气上升的规律。

【搭建我的"源"创空间·实验重现】

在对比了目前常见的几个空气热对流演示实验后，我选取了模拟走马灯的纸杯实验来作为我的"源"创空间科学小实验。因为实验过程中要使用明火，同时考虑到控制周围环境气流对实验的影响，我和爸爸妈妈在厨房中找到一个防风防火的操作台作为我的小小实验台。

1. 实验材料

空气热对流是我们生活中常见的物理现象，所以我尝试着用生活中常见的材料来重现这个科学小实验。具体的实验材料如下：

（1）2个一次性杯子（纸杯和塑料杯都可以，尽量选材质轻薄的）；

（2）削好的铅笔（铅笔的长度要大于杯子的高度）；

（3）安全蜡烛（尽量选耐烧的蜡烛）；

（4）儿童美工刀；

（5）胶带；

（6）点火器；

（7）温度计；

（8）计时器。

2. 实验步骤

步骤一：制作杯子灯罩

（1）在一次性杯子的底部用铅笔画上叶轮；

（2）沿着画好的叶轮边缘实线部分，用儿童美工刀把叶轮的一侧刻出；

（3）沿着画好的叶轮边缘虚线部分，向外翻折45°左右；

（4）在杯底正中间用笔尖按压出一个向外凸起的小圆点。

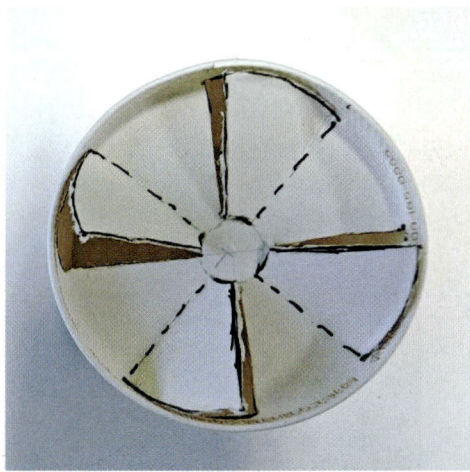

图 22-1　在一次性杯子底部制作叶轮

步骤二：安装杯灯

（1）将铅笔用胶带固定在另一个一次性杯子的外侧面，笔尖与杯底同方向，笔超出杯底的高度要大于一个杯身的高度；

（2）将固定铅笔的一次性杯子倒置在桌面，保持笔尖竖直向上；

（3）将制作好的杯子灯罩倒置在笔尖上，笔尖对准灯罩中心的凸起点。

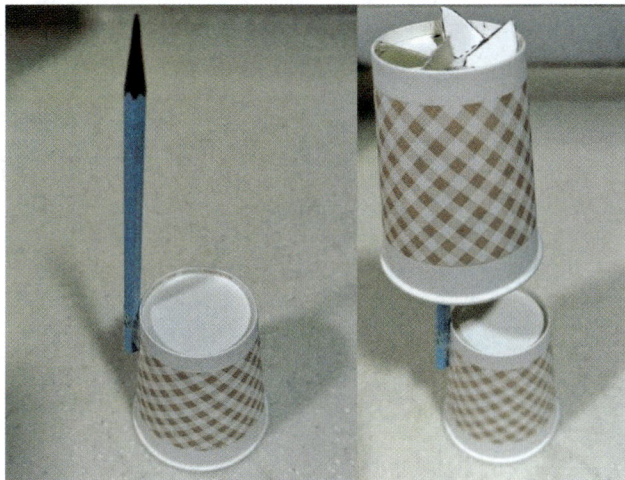

图 22-2　杯灯安装示意图

步骤三：给杯灯提供热源

（1）用点火器点燃蜡烛；

（2）将点燃的蜡烛放在倒置杯子的杯底上。

图 22-3　自动旋转的小杯灯成品图

步骤四：观察记录

（1）在加热前，先测量周围环境温度；

（2）仔细观察，记录从开始加热到杯子灯罩开始旋转一共需要多长时间；

（3）记录杯子灯罩旋转后，叶轮空隙附近的温度。

步骤五：灭火与清理

（1）实验结束后，及时将蜡烛吹灭；

（2）整理所有实验材料，确保实验空间干净整洁。

3. 实验结果

表 22-1　四次实验观察记录

实验序号	环境温度	驱动时间	叶轮空隙附近温度	备注
1	17.7℃	/	86.2℃	实验失败
2	23.5℃	3 分 24 秒	80.7℃	铅笔削尖
3	22.3℃	1 分 44 秒	80.2℃	更轻的杯子
4	24.5℃	35 秒	67.1℃	更轻的纸灯罩

4. 实验结论

通过纸杯实验可清晰观察到热空气上升的过程，验证了温度差异驱动空气流动的物理机制，同时也生动展示了空气热对流是如何转化为灯罩的机械运动的。

【总结与思考】

第一次实验失败了，纸杯在点燃蜡烛十几分钟后都只是上下左右轻轻晃动，没有旋转起来。我有点沮丧，后来在爸爸妈妈的鼓励下，我通过查询资料，了解到实验失败的几种可能原因，比如笔尖和杯底间的摩擦力阻碍了杯子的旋转，杯子自重太重，热气流无法推动叶轮片等。通过改进细节，逐步完善了我的科学小实验。

平凡的生活中处处都有奇妙的物理现象，古人在几千年前就懂得利用对物理原理的朴素认知来改变生活、改善生活，可见人类智慧的伟大。我还看到很多关于流体热对流演示实验的视频，有些液体小实验比气体小实验更加直观，未来我也会尝试在自己的"源"创空间中将它们展示出来。

【小贴士】

从古至今，你知道有哪些发明装置利用了热对流的原理吗？

1. 青玉五枝灯

《西京杂记·卷一》中记载："高祖初入咸阳宫，周行库府……有青玉五枝灯，高七尺五寸，作蟠螭，以口衔灯，灯燃，鳞甲皆动，焕炳若列星而盈室焉。"这段文字描述了西汉时期的一件珍宝器物——一盏以青玉雕刻的灯，高约1.8米（汉尺的七尺五寸），灯体装饰蟠龙（螭）纹样，点燃后龙鳞随火光摇曳仿佛"流动"，光影效果璀璨如繁星。

有学者推测，青玉五枝灯类似后世走马灯的热气流驱动机制。灯点燃后，蜡烛燃烧形成的热空气上升，带动灯内轻质部件（如薄玉片、金属叶片或悬挂饰物）旋转或振动，使蟠龙的"鳞甲"产生光影晃动，营造出"鳞甲皆动"的奇幻效果。它可能是中国最早利用热气流驱动动态装置的实例之一，比唐代"仙音烛"、宋代走马灯早数百年，体现了汉代人对空气动力学原理的朴素认知。

2. 天灯（又称孔明灯、祈愿灯）

五代十国时期（约公元10世纪），福建女子莘七娘随夫出征，发明竹纸灯笼用于夜间军事联络。灯笼底部燃烧松脂，利用灯笼内空气受热上升使灯笼升空传递信号。福建明溪县现存"夫人庙"就是为了纪念莘七娘而修建，人们奉其为天灯发明者。

也有古代文学作品相传，三国时期，诸葛亮（孔明）被围困时，制作灯笼升空传递信号或迷惑敌军，为纪念其发明者，故称"孔明灯"。

（2022级2班　朱元沁）

实验 23

固体热胀冷缩的奥秘

⚡ 【我的"源"创空间构想之旅】

> 　　假期旅行，我和爸爸妈妈一起体验了景区的老式蒸汽火车。伴随着火车的开动，传来一阵阵有规律的"咣当咣当"的声音，我好奇地问妈妈这个声音是哪里发出来的。妈妈告诉我说，这是火车通过铁轨间隙时，车轮与铁轨碰撞发出的声音。受当时的技术限制，铁轨只能制成一段一段地铺在枕木上，为了应对铁轨因热胀冷缩而导致的变形，相邻的两段铁轨之间就会预留一定的空隙（约3~10毫米），因此火车在经过相邻的两段铁轨时就会发出"咣当咣当"的声音。
>
> 　　我对铁轨热胀冷缩的性质充满了好奇，希望有机会一探究竟。

🕐 【重走科学之路】

　　带着好奇，我查阅了一些相关的资料，了解到热胀冷缩是物体基本的物理性质。19 世纪初，法国的物理学家杜伊勒发现了固体的热胀冷缩原理。科学家经过研究，进一步发现这是因为物体受热时分子运动加剧，导致分子间距离增大，从而使得物体的体积增大；相反，物体受冷时，分子运动减慢，导致分子间距离缩小，从而使得物体的体积减小。这也是物体热胀冷缩的根本原因。传统的体温计，就是利用液体热胀冷缩的原理设计的，通过汞在不同温度下体积的变大或者缩小来显示体温的高低。

后来，随着科学家对物质微观结构的进一步研究，人们了解到分子是由原子组成的，原子是由原子核和电子组成的。当物体受热时，原子的热振动加剧，原子间的距离发生变化，从而导致了物体体积的变化。

【搭建我的"源"创空间·实验重现】

我和爸爸整理阳台的一个角落，作为我们的实验台，并购买了一些实验材料，通过观察铁环的变化来探究固体的热胀冷缩现象。

1. 实验材料

（1）带把手的铁环；

（2）小铁球（刚好能卡在铁环上）；

（3）小铁球支架；

（4）家中自备的小蜡烛；

（5）家中自备的打火机。

图 23-1　实验用到的铁环和小铁球

2. 实验步骤

（1）将铁球放在支架上；

（2）加热前，先用铁环去套铁球，观察铁球是否能够穿过铁环；

（3）用打火机点燃蜡烛，加热铁环；

（4）加热后，用铁环去套铁球，观察铁球是否能够穿过铁环；

（5）待铁环冷却后，再用铁环去套铁球，观察铁球是否能够穿过铁环。

3. 实验结果

（1）铁环加热前，铁球刚好卡在铁环上，无法穿过；

（2）铁环加热后，铁球可以轻松地穿过铁环；

（3）铁环冷却后，铁球不能穿过铁环。

4. 实验结论

铁环加热时，受热膨胀，铁环内径增大，铁球能够轻易地穿过；铁环冷却后，内径缩小，铁球无法穿过。

注意：由于此实验要用到打火机和蜡烛，一定要在大人陪同下操作，以防意外。

【 总结与思考 】

这次实验，对我来说就像打开了一扇"科学小窗户"，只要仔细观察、动手实验，我们也能像科学家一样，发现身边的"科学密码"！

【小贴士】

生活中有哪些现象与热胀冷缩有关呢？

我们将刚煮熟的鸡蛋放入冷水中，蛋壳会容易被剥开，那是因为凝固后的蛋白在冷水中会快速地缩小体积，蛋白和蛋壳之间产生了一定的空隙，所以剥去蛋壳就变容易了。

（2022 级 7 班　储子勋）

实验 24

神奇的磁场——让硬币跳叠罗汉旋转舞

【我的"源"创空间构想之旅】

我们身边有一种神奇的物质——磁场！磁场是一种看不见、摸不着的特殊物质，但它确实存在，就像空气一样。磁体周围就有磁场，因此磁体不仅能吸引铁、镍等金属，还能隔空传递力量。比如把磁体放在硬币上方，即使不碰到硬币，也能让它"站"起来旋转！

磁体吸引力最强的两个部位叫作磁极。磁体静止时指南的磁极叫作南极（S极），指北的磁极叫作北极（N极）。磁体还有两个"小脾气"——它的N极和S极就像好朋友（异极相吸），但如果是两个N极或两个S极，就会像好朋友吵架一样互相推开（同极相斥）！

你知道指南针的N极为什么总是指向北方吗？那是因为地球周围也存在着磁场——地磁场！地球的中心像一颗滚烫的金属球，流动的金属产生了巨大的磁场，让地球变成了"隐形磁体"。地磁场保护了地球免受太阳风暴等宇宙射线的冲击，同时也为许多动物提供了导航的依据，比如候鸟和海龟能够利用地磁场进行长距离迁徙。

怎么样，磁场是不是很有趣呢？不如让我们一起在我的"源"创空间里探索它的秘密吧！

127

【重走科学之路】

磁场究竟是如何被人类发现和利用的呢？这就不得不提到磁石和指南针了。你知道人类最早利用磁场的工具是什么吗？它就是我国古代四大发明之一的指南针！有趣的是，指南针的发明和利用并非源于精密的科学实验，而是源于古人的智慧和对自然现象的观察。

早在 2000 多年前的春秋时期，人们就发现了一种神奇的石头——磁石，它具有吸引铁器的能力。后来，古人将磁石打磨成勺子的形状，放在光滑的铜盘上，发现它的长柄总是指向南方。这就是最早的指南针——司南。这一发现不仅帮助古人在航海和探险中辨别方向，还为后来的磁学研究奠定了基础。

随着时间的推移，科学家们对磁场的研究越来越深入。1820 年，丹麦物理学家奥斯特在课堂上做了一个实验。当他接通电线时，旁边的指南针突然转动了！原来，电流周围也存在磁场！这个发现让人们发明了电磁铁，后来才有了电动机、发电机这些改变世界的发明呢！

这个故事告诉我们，科学发现往往始于对自然现象的仔细观察和思考。正是古人对磁石的探索和科学家们的不懈努力，才让我们今天能够如此深入地理解和利用磁场。

【搭建我的"源"创空间·实验重现】

通常情况下,两枚硬币是很难竖着叠放在一起的,更难以想象让它们旋转起来。希望通过实验,利用磁场的"魔法力量"隔空让硬币站起来并旋转。

1.实验材料

清理餐桌,用一张大的白板纸竖在桌子中间作为背景板,一个小小的实验空间就出现了。所有的实验材料都是从家里各处寻找出来的,包括:

（1）5块圆形磁铁,直径均为2厘米;

（2）4~6枚一元钢质硬币,其中2枚用于竖立,其余硬币用于调整铁片高度;

（3）1块铁片;

（4）2个圆形瓶盖;

（5）2枚一角铝质硬币;

（6）2个手机包装纸质盒子(平放高度高于2枚硬币竖立叠放起来的高度)。

2.实验步骤

步骤一：搭建"磁力舞台"

（1）把两个纸盒子并排放在桌上,相距6~8厘米;

（2）把铁片架在盒子上,做成一座"小桥"。

图24-1　铁片"架桥"

步骤二：请出"魔法磁铁"

（1）把5块磁铁吸在一起；

（2）把磁铁放在铁片中间，调整位置，让它稳稳吸住铁片。

图 24-2　磁铁的摆放

步骤三：硬币"叠罗汉"

（1）在铁片下方竖着叠放两枚硬币，慢慢调整铁片高度，直到硬币竖立起来；

图 24-3　硬币竖着叠放

（2）用手指轻推下面那枚硬币，两枚硬币开始错开旋转啦！

图 24-4 硬币旋转起来

步骤四：观察与记录

（1）试试改变铁片的高度，此时硬币还能竖立起来吗？

（2）用其他材质（如塑料瓶盖、一角铝质硬币）代替一元钢质硬币，它们能被铁片吸住吗？

3. 实验结论

（1）磁铁的磁场会产生非常神奇的效果。通过合理地摆放磁铁的位置，它会隔空对硬币产生吸引力，从而让竖着叠放的硬币稳定地竖着"站立"起来，并像跳舞一样旋转起来！

（2）只有钢质的硬币会被磁铁吸引，塑料和铝根本不"理"磁铁！

（3）磁铁和硬币需要保持一个合适距离，距离太近，磁铁和硬币会直接吸在一起；距离太远，则硬币无法竖立。

【总结与思考】

磁场不仅藏在磁铁周围，还存在于地球深处、宇宙星空！只要你敢于探索，磁的秘密就等着你来发现，磁的世界就有无限可能！

【小贴士】

（1）磁场强度受什么影响呢？

两块磁铁慢慢靠近时，会发觉相互作用力在增强，说明磁场强度受距离影响。距离越近，磁场通常越强；距离越远，磁场就越弱。

（2）你知道磁铁在生活中有哪些应用吗？

①玩具和游戏：很多有趣的玩具，比如磁力片、磁力球等，其中磁力球就是利用金属球的磁场特性来构建各种形状的。

②磁存储：现在很多常用的磁存储系统，其实就是用磁性材料做成的存储器。

（3）安全小贴士

①磁铁不能摔、不能烤，否则会失去"魔法"哦！

②小心别让磁铁靠近手机、电脑，它们可能会"闹脾气"。

（2021级3班　叶晨瑶）

实验 25

探究电流的磁效应

☀ 【我的"源"创空间构想之旅】

　　暑假来了，我在网上看到一个视频中演示了一段神奇的物理实验：视频中一节电池两端各吸住一个磁铁，然后把这节两端吸有磁铁的电池放在一个像弹簧一样的铜线圈内，电池竟然自己在线圈内快速地运动了起来。真是太不可思议了！这个实验激发了我的好奇心，我好想弄清楚是怎么回事呀！

　　为了弄清楚实验的原理，我和爸爸在网上查找资料，原来是因为铜线圈通电以后，导线周围存在磁场，这种现象叫作电流的磁效应。我们先了解一下磁性吧！小朋友们应该都玩过磁铁。两个磁铁互相靠近时，它们要么相互吸引，要么相互排斥，造成这种现象的原因就是磁铁周围存在着磁场。磁铁的一端为 N 极，另一端为 S 极。如果试图把两块磁铁的 N 极面对面放在一起，它们会互相排斥，怎么也按不到一起；如果把 S 极和 N 极放在一起，它们会紧紧地吸在一起，需要用力才能分开。

　　我们在电池两端放上导电磁铁，再将电池放入铜线圈中，为什么电池会在铜线圈中自己动起来呢？这是因为电流通过导电磁铁，从电池的正极流向铜线圈再流向负极，这样铜线圈就变成了一个磁铁。在电池两端放上磁铁使得铜线圈磁铁的前端吸引电池的前端磁铁，后端推动电池的后端磁铁，从而让电池在线圈里"跑"起来。

【重走科学之路】

那么通电导线周围存在磁场是谁发现的呢?

1820 年，丹麦物理学家奥斯特在课堂上做实验时，意外发现当导线中通过电流时，导线下方的小磁针会发生偏转。之后他继续做了很多次实验，从而证实了电流周围存在磁场。

电流的磁效应的发现打开了人类探索电磁学的大门，电磁技术如今已经在人类生活的方方面面得到广泛使用，发电机、电动机、手机、卫星电视、CT 机、微波炉等众多产品丰富了人们的生活，为工作和学习提供了更多便利。

【搭建我的"源"创空间·实验重现】

奥斯特发现电流磁效应的实验很简单，我决定利用电学实验材料在家重现他的意外发现。

1. 实验材料

（1）2个电池盒及 2 节 5 号电池，用于提供电源；

（2）1个电源开关，用于控制电流闭合；

（3）5 根铜导线，用于连通电路；

（4）2个指南针，用于判断导线有电流时周围是否存在磁场。

2. 实验步骤

（1）按顺序将电池盒、电源开关用铜导线连接，组成一个闭合电路；

（2）间隔一定距离放置2个指南针，实验前两个指南针红色一端N极都指向北方；

（3）将铜导线靠近一个指南针，打开电源开关，观察指南针的N极是否还指向北方；闭合电源开关，观察指南针的N极指向是否发生改变。

3. 实验结果

将铜导线靠近指南针，电源开关打开时，观察到指南针的N极指向北方；

闭合电源开关时，观察到指南针的N极不再指向北方。

实验中使用两个指南针，是为了便于观察对比实验效果。让一个指南针远离实验环境不受电流磁场效应的影响，它的N极始终指向北方；另一个指南针会受到电流磁场效应的影响，N极指向发生改变。

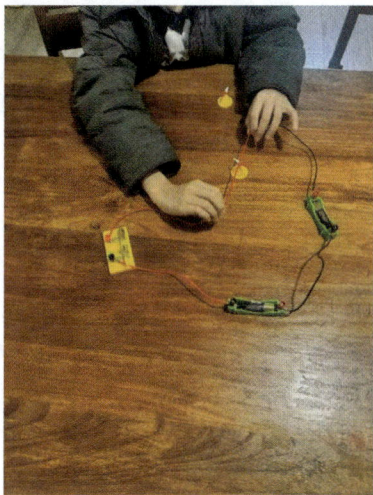

图 25-1 电流磁效应实验

4. 实验结论

当铜导线中有电流通过时，会改变指南针N极指向，说明通电铜导线周围确实存在磁场，实验成功重现了奥斯特发现的电流磁效应现象。

【总结与思考】

通过这个有趣的奇妙实验，我亲自体验了科学家当年发现电磁效应的经历，对电流的磁效应有了更多的了解；同时这次实验激发了我对物理的兴趣，也让我对物理世界产生了更多的好奇心。为了更深刻地理解电流的磁效应，我还准备在我的"源"创空间亲自做一做趣味性更强的电池小火车实验呢！

【小贴士】

（1）地球周围存在着磁场——地磁场，那么地球的北极是 N 极还是 S 极呢？

地理的两极与地磁场的两极不重合。地理的北极附近是地磁场的南极（S 极），地理的南极附近是地磁场的北极（N 极）。

（2）如果指南针的 N 极没有指向北方，可能是受什么干扰呢？

指南针旁边可能有磁铁或铁质的东西。

（2021 级 9 班　彭伟航）

实验 26

电动机的简易制作——电生磁

⚡【我的"源"创空间构想之旅】

　　自从电被发明后，看不见的"超能力者"就彻底改变了人类文明。特别是当电动机把电能转化为动能的那一刻，我们的世界仿佛被按下了加速键——从清晨唤醒你的电动牙刷，到带你追风的平衡车，这些现代机器的心脏都跳动着电动机的韵律。试想某个平行时空突然失去所有电动机：爸爸的剃须刀变成哑火的剃刀，妈妈的吹风机沦为静音雕塑，更可怕的是，所有新能源车集体"躺平"——这简直是人类文明的集体断片时刻！

　　当线圈遇上永磁体，电流通过时产生的洛伦兹力就像在跳一支微观世界的华尔兹，把电能转化成旋转的机械能——这可比任何特效都酷炫！我偷偷拆过好多台不同型号的电机，发现无论是迷你振动马达还是电动车驱动电机，核心都是那套"定子＋转子＋换向器"的黄金组合。我的"源"创空间项目就与电和磁有关，探讨电如何产生磁以及如何驱动电机旋转。

【重走科学之路】

在电动机技术成熟之前，19世纪初期的轨道交通完全依赖蒸汽机车提供动力，其热效率不足10%。而1834年雅可比改良型直流电动机的出现，标志着人类正式迈入电气化革命的新纪元，这场能源转换使机械效率实现跨越式提升，深刻重塑了工业生产与交通运输模式。

关于电动机的发明溯源，不得不提到英国物理学家法拉第的奠基性贡献。1821年9月3日，这位被誉为"电磁学之父"的科学家，在伦敦一间简陋的实验室里写下了实验日志，首次记录了具有工程价值的电磁旋转装置，其创新性实验设计包括四个关键步骤：①将柱形永磁体垂直固定于汞容器底部；②注入液态汞形成导电介质；③通过绝缘支架悬吊可自由转动的铜导线，使其末端浸入汞；④构建由伏打电池、导线与汞组成的闭合回路。当电路导通时，载流导线在环形磁场的作用下持续旋转，这完全印证了法拉第的预期。他发明了人类首台电动机原型机，是第一台使用电流使物体运动的装置。

左侧实验：
铜线固定、磁铁旋转

右侧实验：
磁铁固定、铜线旋转

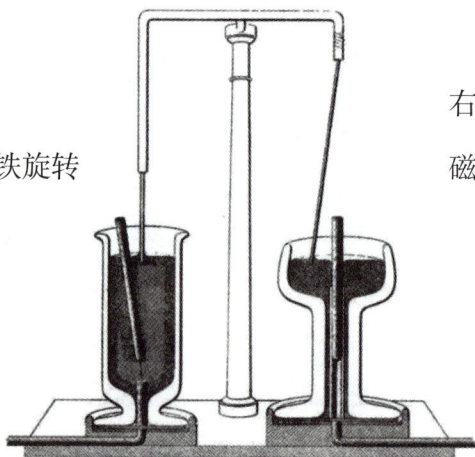

图26-1　法拉第的实验记录

可以说，法拉第的发现与他的不懈努力、勤奋思考和卓越的动手能力密不可分。他出生在一个贫困的家庭，父亲是铁匠。尽管如此，法拉第通过装订和阅读书籍，如《大英百科全书》，自学了早期的科学知识。他甚至利用废旧材料制作了小静电发生器，重复进行电学实验。后来，法拉第有幸成为皇家学院著名化学家戴维的助理，他继续勤奋学习，不断实践，最终设计出了将电能转化为机械能的装置——电动机。法拉第的一生都致力于电磁学的研究。他不仅发明了世界上第一台发电机，还发现了交流电，总结出了电解定律，证明了电荷守恒定律，并引入了磁感线的概念，为经典电磁学理论的建立奠定了坚实的基础。

这个故事启示我们，不论身处何种环境，只要我们坚持勤奋学习、不断实践和探索，保持好奇心，就能在各自的领域取得显著的成就。

【搭建我的"源"创空间·实验重现】

我们可以用日常使用的物品来重现法拉第当年发明电动机的经典实验。

1. 实验材料

在爸爸妈妈的帮助下，我在"源"创空间搭建了一个小小的物理工作台。根据实验的需要，我们购买并配备了一些实验材料，如表 26-1 所示：

表 26-1　实验材料

工具	规格	说明
钕磁铁	10 个，直径 8 毫米 × 厚 4 毫米	用于电磁实验的磁铁
1 号铜线	直径 1.5 毫米	用于电流传导
2 号铜线	直径 1.5 毫米，一端弯折成 U 形	用于电流传导
细铜线	直径 0.1~0.5 毫米	用作电生磁的电棒

（续表）

工具	规格	说明
电池	2 节 5 号电池	用作电源
细导线	若干	用于电池盒与开关、铜线的连接
尖嘴钳	1 个	用于将铜线弯折成特定形状
剥线钳	1 个	用于剥去铜线塑料外壳
热熔胶枪	1 个，配胶条 2 根	用于粘接整体结构、电池盒等
薄木板	1 块，15 厘米 × 10 厘米	用于制作框架
L 形木条	1 块，15 厘米长 ×1 厘米厚 ×2 厘米宽	用于制作框架
食盐	1 袋	用于配制导电溶液
电池盒和开关	1 个	用于固定电池和通断电路
切割的塑料瓶	1 个，容量约 300 毫升	用于装溶液
水	200 毫升	用于溶解食盐，形成饱和盐水

2. 实验步骤

我们进行法拉第电动机实验中（图 26-1）右侧的实验，即磁铁固定、铜线绕着磁铁旋转的实验。（法拉第的实验为对称性试验，重现右侧的实验即可。）

步骤一：框架搭建

（1）将薄木板作为实验底座，使用热熔胶枪将 L 形木条粘贴固定；

（2）将电池盒和开关牢固地粘贴在薄木板上。

步骤二：电路安装

（1）将电池盒的一端电线连接至 1 号铜线的一端，另一端电线连接至 2 号铜线；

（2）将1号和2号铜线安装到框架结构中。

步骤三：溶液配制

（1）将200毫升水倒入塑料瓶中，加入食盐并充分搅拌，直至盐不再溶解（充分搅拌后如有盐沉淀，则该溶液为饱和状态，此时停止加盐），形成饱和盐水；

（2）确保实验区域清洁，避免交叉污染。

注：饱和盐水在此实验中替代了汞，因为汞具有危险性且不易获得，而饱和盐水的导电性虽然不及汞，但远高于纯水，适合作为家庭实验的替代品。

步骤四：细电棒安装

（1）选择一根细铜线作为细电棒，用剥线钳剥去其塑料外壳，确保其笔直且能浸入饱和盐水中约1厘米；

（2）细电棒的另一端用钕磁铁环固定，套在2号铜线的U形头上，确保细电棒能灵活移动且旋转无阻碍。

步骤五：通电实验

安装电池，闭合开关，观察细电棒围绕磁铁旋转的现象。

3. 实验结果

在接通电源后，细电棒围绕磁铁做旋转运动，标志着实验取得成功。

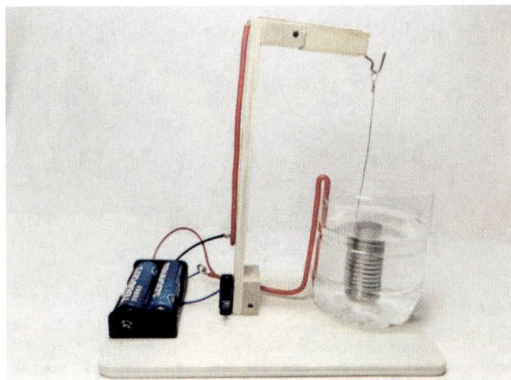

图 26-2　实验装置

【总结与思考】

电动机在日常生活中无处不在，我通过自己亲手拆装电动机，逐步了解电动机的工作原理，并成功进行了电生磁的实验，对于电和磁之间的转换也有了更加直观的认识。我相信在未来的成长过程中，如果我也能像法拉第一样，时刻保持好奇心，并且坚持不懈地朝着自己的目标努力，就一定能有更多的收获。

【小贴士】

（1）电动机的动力大小受什么影响？

电动机的动力大小主要受两个关键因素影响：电能输入大小和磁铁的磁性强度。当电能输入增加或磁铁的磁性增强时，电动机的动力也会相应增大。

（2）电动机在日常生活中还有什么应用？

电动机不仅用于驱动汽车，它在生活的方方面面都发挥着重要作用。在家用电器中，我们可以看到洗衣机、电风扇、电冰箱、空调器、电吹风、电动剃须刀等都采用了电动机。在工业领域，电动机同样广泛应用于机床、医疗器械等设备。可以说，电动机已经深入到我们生活的每一个角落，极大地丰富和便利了我们的日常生活。

（2020级9班　孙浩文）

实验 27

电磁感应实验——发光二极管亮了

☀ 【我的"源"创空间构想之旅】

> 无线充电器，只要把手机放上去就能充电。这神奇的一幕让我忍不住思考其中的奥秘：手机到底是如何充上电的呢？听妈妈说这是运用了电磁感应原理，当电流通过发射端的线圈时，会产生一个磁场，接收端的线圈在这个磁场中会感应出电流，从而实现充电。
>
> 我查阅资料，了解到电流通过线圈会产生磁场，这种现象叫作电流的磁效应；接收端的线圈在磁场中感应出电流，这种现象叫作电磁感应。我的脑袋开始不停地思考："真的这么神奇吗？"我好想自己动手试试看！于是，我对电磁感应无线充电小实验的兴趣就这样被激发了出来。我渴望通过自己的实践，亲身感受电磁感应的奇妙，探索科学的奥秘。

🕐 【重走科学之路】

1820 年，丹麦物理学家奥斯特发现了电流的磁效应，于是大家开始思考：如果电流能产生磁，那么磁是否也能产生电呢？19 世纪 30 年代，英国物理学家法拉第通过一系列实验发现了电磁感应现象。法拉第首先准备了两个线圈，一个是初级线圈，另一个是次级线圈。初级线圈连接电源，次级线圈则通过检流计来检测是否有电流产生。他先让初级线圈通上直流电，但是次级线圈中并没有电流出现。接着，他改变了实验方式，不再让初级线圈通直流电，而是迅速地插入或拔出与电池连接的初级线圈，或者改变初级线圈中的电流大小。这时，他发现与次级线圈连接的检流计指针发生了偏转，这表明在次级线圈中产生了电流。通过一系列的实验和不断观察、总结，他发现当一根导线在磁场里运动，或磁场大小发生变化的时候，导线里就会产生电流，这种现象就叫作电磁感应，产生的电流叫作感应电流。

这个故事告诉我们，攀登科学高峰的道路虽然曲折，只要我们勇于实践，不断探索，就有机会取得成果。

【搭建我的"源"创空间·实验重现】

了解了电磁感应的原理后，我设计了一个发光二极管灯亮实验，希望能在我的"源"创空间成功见证"磁生电"现象。

1. 实验材料

（1）硬纸板（用于固定线圈）；

（2）2个铜线圈（用于产生磁场、感应电流）；

（3）发光二极管（用于证明感应电流的存在）；

（4）2节1.5伏特电池（用于产生电流）；

（5）电池盒和开关（用于安装电池及通断电路）；

（6）接线器（用于安装电线）；

（7）磨砂纸（用于打磨漆包线）；

（8）三极管（用于放大电流）；

（9）510 欧姆电阻（用于限制电流大小）；

（10）4P 端子（用于连接电路中不同组件和导线）。

2. 实验步骤

（1）将铜线圈缠绕成实验需要的形状；

图 27-1　绕线圈

（2）用磨砂纸将线圈的线头打磨出 1.5 厘米左右的长度（提示：漆包线必须打磨才能导电）；

图 27-2　打磨线圈线头

（3）将其中一个线圈固定在硬纸板上，作为初级线圈；

（4）将初级线圈的一端连接到电池盒上，另一端连接到 4P 端子上；

（5）将三极管和 510 欧姆电阻连接到 4P 端子；

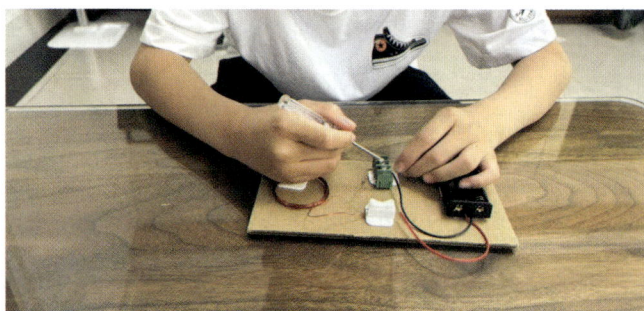

图 27-3　连接导线

（6）将电池盒的另一端连接到 4P 端子；

（7）将次级线圈利用接线器连接到发光二极管上；

图 27-4　连接发光二极管

现在实验的电路都连接好了，接下来是见证奇迹的时刻！

3. 实验结果

打开电源，两个线圈靠近后发光二极管灯亮了。我又试着在两个线圈中间隔一张纸，神奇的是发光二极管灯依然亮着。

4. 实验结论

这个实验揭示了两个物理现象，一是电和磁可以互相转化从而实现能量传递，因此我们不用连接电线就能实现电能的传递；二是电磁波可以穿透一定的障碍物在空气中传播，因此即使中间隔着一张纸也能让发光二极管亮灯。

【总结与思考】

生活中很多奇妙的现象总是在不经意间被发现，我们要做个有心人，去探究现象背后的科学原理，才能在攀登科学高峰的道路上留下足迹。

【小贴士】

无线充电在生活中应用广泛，极大地提升了我们生活的便利性和舒适度。无线充电主要应用在哪些方面呢？

①智能手机：许多中高端智能手机都具备无线充电功能，用户只需将手机放在无线充电器上即可充电，方便快捷。

②智能手表和手环：无线充电为这类可穿戴设备提供了更简捷的充电方式。

③无线耳机：无线耳机可以通过无线充电盒进行充电。

④电动汽车：一些电动汽车品牌推出了无线充电方案，使车辆充电更加便捷。

⑤智能家居：一些智能家居设备，如智能台灯、智能音箱等，采用无线充电技术，增强了产品的一体化和美观性。

⑥医疗设备：某些小型的医疗设备，如便携式血糖仪、血压计等，通过无线充电能保证设备的持续使用。

⑦工业领域：在一些特殊的工业环境中，无线充电可以避免因电线连接而带来的潜在安全隐患。

（2021级2班　夏芃）

实验 28

炫彩 LED 灯实验

💡【我的"源"创空间构想之旅】

电，如同璀璨星辰点亮生活的每一个角落，成为家庭美好生活的能量源泉，也为社会生活增光添彩。

美丽的夜晚，大商场、写字楼上面挂的广告灯牌，各种动画和文字交相辉映，一串串灯如行云流水般闪烁，你知道其中的原理吗？在制作炫彩 LED 灯之前，要先了解电流、电压、电阻等一些电路的基本概念。在此基础上，我要设计一个充满创意的"源"创空间，挂满属于我自己的 LED 灯，在这里每一束电流都跃动着幸福的旋律，每一盏灯光都拥抱归家的心。

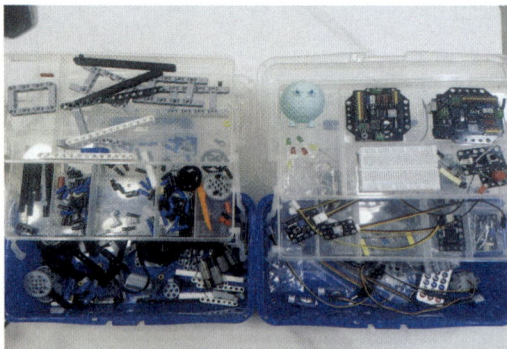

图 28-1 我的家庭"源"创实验台

【重走科学之路】

1879 年 10 月 21 日，爱迪生成功点亮了世界上第一盏有实用价值的电灯，这盏电灯使用了炭化棉线作为灯丝，并且能够持续点亮 45 个小时。爱迪生的发明过程充满了挑战和失败，为了发明电灯泡，他进行了上千次的实验，每次失败后都会作详细记录并分析原因，然后调整策略再次尝试，他尝试了 1600 多种材料才找到合适的灯丝，使灯泡的"寿命"大大延长。

这个发明告诉我们，注重细节和坚持努力是成功的关键。

【搭建我的"源"创空间·实验重现】

经过一段时间的深入学习和资料研究，我知道了电灯发光的原理主要涉及电流通过灯丝时产生的热效应和光辐射现象，懂得了电流、电压、电阻的概念，并学习了绘制电路原理图、搭建串联电路和并联电路、按键控制电路等，根据自己掌握的知识以及对空间的幻想，我动手设计了属于自己的 LED 灯。

图 28-2　重走电灯实验之路

我的"源"创空间

1. 实验材料

我和爸爸妈妈一起整理了房间的一个角落，作为我的实验基地。我们购买了这次实验的材料：

（1）LED 灯；

（2）Arduino UNO 主控板及扩展板；

（3）面包板；

（4）电池；

（5）杜邦线；

（6）电阻和按键开关。

2. 实验步骤

（1）框架搭建：分别搭建串联电路和并联电路，首先将端口扩展板插到 UNO 主控板上，然后画出串联和并联电路原理图，以及主控板和面包板视图。

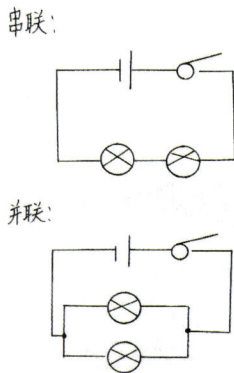

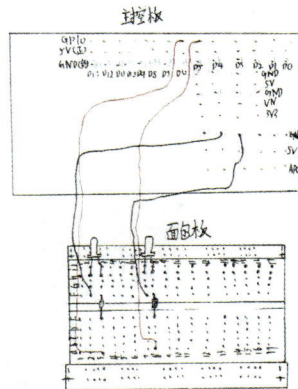

图 28-3　手绘串联和并联电路原理图　　图 28-4　手绘主控板和面包板视图

（2）安装电路：按照电路原理图及面包板视图，将 LED 灯插入面包板，再加上电阻和按键开关，用杜邦线将控制器和面包板连接好；

（3）通电实验：安装电池，打开电源，通过控制按键开关，达到灯闪灯灭的效果；

（4）程序编写：以上部分为物理实验。通过 Mixly 程序编写，可以设计出炫彩流水灯、智能红绿灯等漂亮的灯光组合。

3. 实验结果

通过按键开关或进一步通过程序设计控制 LED 灯的闪烁以及多个 LED 灯的亮灭，打造灯在流动的视觉效果。

图 28-5　炫彩 LED 灯实验结果

【总结与思考】

通过实验我们可以了解到电路中电灯串联和并联是如何工作的，掌握电路基本的原理和实验技巧。本实验的原理不仅限于家庭照明，随着物联网技术和人工智能技术发展，电灯将更加智能化，能够实现更加节能节材的设计理念，满足不同场景的需求。

【小贴士】

（1）什么是 LED 灯？

LED 灯全称是发光二极管（light emitting diode）灯。二极管是常见的半导体器件之一，其最基本的特性是单向导电性。将 LED 灯用银胶或白胶固化到支架上，然后用银线或金线连接芯片和电路板，四周用环氧树脂密封，起到保护内部芯线的作用，最后安装外壳，从而使 LED 灯具备优良的抗震性能。

（2）串联和并联的区别是什么？

串联和并联是电路中两种基本的连接方式，它们在电流路径、用电器关系、开关控制、电压分配、电阻计算和功率分配等方面都存在明显的区别。在实际应用中，需要根据具体情况选择合适的电路连接方式。在需要保证各个用电器独立工作且电压相同的情况下，通常会采用并联电路；而在需要保证电流相等或需要简单电路结构的情况下，通常会采用串联电路。

（3）电路短路有什么危害？

短路是指电流不流经负载，直接由正极经过导线流回负极，短路电流因为电流很大，发热剧烈，不仅会迅速烧毁电气设备和电缆，而且会引起绝缘油和电缆着火，酿成火灾，甚至引起爆炸。短路电流还会产生很大的电动力，使电气设备遭到机械损坏。在电网靠近电源的地方发生短路时，也会使电网电压急剧降低，影响同一电网中其他用电设备的工作。

（2021级5班　陈奕帆）

实验 29

小小电池大大能量：
探究串联、并联电路的奥秘

⚡ 【我的"源"创空间构想之旅】

有一次，妈妈在厨房同时用电饭煲和空气炸锅做晚饭，突然发现电饭煲和空气炸锅都不工作了！爸爸检查电路后发现，电饭煲和空气炸锅的插头"手拉手"接在了同一个拖线板上，由于拖线板故障，导致拖线板上的电器都无法工作。后来，爸爸把它们改成"肩并肩"分别接在不同的电源插座上，两样电器立刻恢复正常。

后来爸爸告诉我："这就是串联电路和并联电路。串联电路中的电流像一条单行道，路上挤满了车，所有车只能慢慢走，如果一辆车'卡住'，另一辆车也动不了！并联电路中的电流像两条独立的高速公路，每辆车都有自己的车道，即使一辆车'抛锚'，另一辆车照样'狂飙'！"

我瞬间两眼放光，对电路产生了兴趣，于是我通过查阅书籍、上网搜索相关资料，理解了串联与并联的区别，以及它们对电器工作的影响。

【重走科学之路】

1826年，德国物理学家欧姆通过实验总结出电流、电压和电阻的关系，发表了欧姆定律。这一理论为后来电学的发展奠定了基础，现代电子设备（如手机、电脑）的电路设计均仍依赖欧姆定律。

1845年，德国科学家基尔霍夫提出电流定律和电压定律，解决了复杂电路中电流与电压的分配问题，这为分析串、并联混合电路提供了核心工具。

1879年，爱迪生在改进电灯时，首次大规模应用并联电路。他发现若将灯泡串联，一个灯丝熔断会导致整串灯熄灭，而并联设计使每个灯泡独立工作，极大提升了实用性。这一创新直接推动了家庭电路的普及。

串联电路和并联电路的原理是电学理论逐步发展的成果，凝聚了多位科学家的智慧。电走进了人们的生活，彻底改变了世界的模样。

【搭建我的"源"创空间·实验重现】

在我们生活中，家里的各种电器，像手电筒、遥控器等都是通过电池供应电源使用的。大家有没有好奇过，这些电池在里面是怎么"工作"的？今天，我们就通过串联和并联小实验，解开电池组合的奥秘，看看它们如何巧妙供电，让电器正常运行。

我在自己的房间找到了一个合适的角落，作为我的实验场地，利用家中已有的实验器具，开始探究神奇的电学世界。

1. 实验材料

（1）导线，用来连接各种零件，使得零件之间可以相互连通。跟普通电线的功能一样，根据不同拼搭电路的需要，可使用不同长短的导线；

（2）开关电键，起连通和断开电路的作用；

（3）发光管和蜂鸣器，通电后发光管会被点亮，蜂鸣器会发出声响；

（4）电池盒，用于存放电池的盒子，电池盒可以安装 2 节 5 号电池。

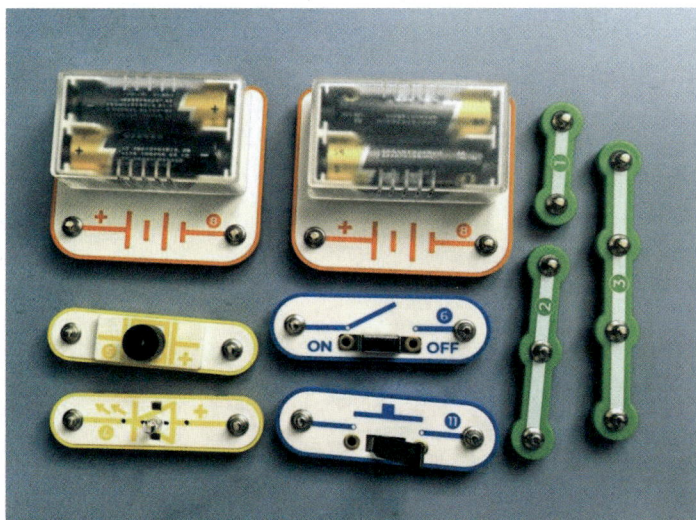

图 29-1　实验材料

2. 串联电路演示

串联就是把元件逐个顺次连接起来组成的电路。串联电路中通过各元件的电流都相等，流过一个元件的电流接下来也会以相同的大小流过另一个元件。

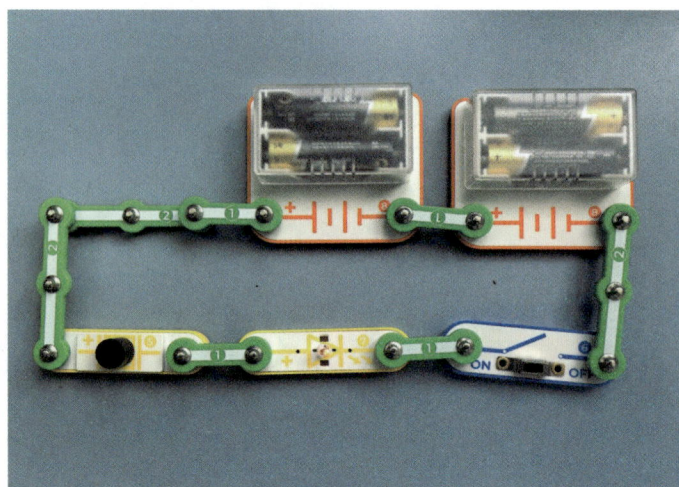

图 29-2　串联电路实验

在串联电路中，打开开关，发光管和蜂鸣器同时工作；关闭开关，发光管和蜂鸣器停止工作，说明串联电路中的开关可以同时控制所有的元件。

3. 并联电路演示

并联就是把元件并列地连接起来组成的电路，其实我们家庭生活中的各种用电器就是并联连接的。

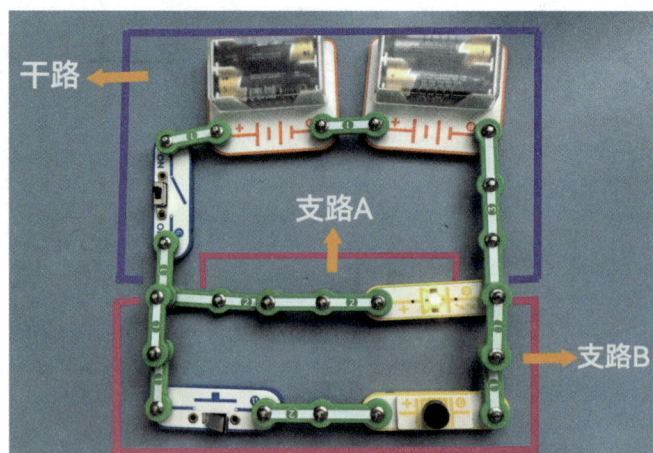

图 29-3　并联电路实验

在并联电路中，干路的电流在分支处分成两部分，分别流过两个支路（图中的支路 A 和支路 B）中的各个元件。如果把干路上的开关打开，支路 A 上的发光管点亮，支路 B 上的开关也打开（电键按下）蜂鸣器就会发出声音。但如果干路上的开关关闭，各支路上的开关打开，蜂鸣器也不会发出声音。说明干路上的开关可以控制整个电路。

【 总结与思考 】

串联像"团结战队"，一个失误全军覆没。

串联电路，各用电器相互影响，一处断路，整个电路无法工作。像节日里悬挂的小彩灯，通常运用的就是串联电路的方式，以实现小彩灯整体发光效果。

并联像"独立小队"，各显神通互不干扰。

并联电路，各用电器独立工作，互不影响，某一支路断路不影响其他支路。像家中的各种用电器、插座，都是并联在电路中的，从而保证每个用电器、插座都能独立工作，互不干扰。当某一处出现故障时，其他电器也能正常使用。通过并联方式可以对每一台用电器或插座进行单独控制和维护。

【小贴士】

（1）如何安全用电？

墙上的插座里都是有电的，不能用手指伸入或用导电物（如铁丝、钉子、别针等金属制品）去接触、探试电源插座，不然会引发触电。使用电器时要注意，不在同一个插座上插入过多用电器，避免插座过载发生危险。

平常生活中也不能用湿手去触摸用电器或用湿布擦拭工作中的用电器，这种行为容易引发触电。如日常生活中遇到脱落的电线或裸露的电线，不要靠近。出现紧急情况，请立刻寻求大人的帮助，不要自己处理，以防触电。

（2）废旧电池如何处理？可以回收再利用吗？

电池有时候被人们随意丢弃、被埋在垃圾填埋场或者被丢进焚化炉中烧掉。但是电池中含有许多重金属等有害物质，这些物质渗漏后会污染环境，威胁人类的健康。所以大家千万不要将电池随便丢弃，而是要将它们集中起来，投入专门的垃圾回收箱内。

废旧电池虽然"退役"，却还有潜在价值。据统计，1吨废旧电池中含有131千克的钢，160千克的锌，375千克的二氧化锰，这些都是工业生产中有用的原材料，从废旧电池中提取这些原材料不仅能再利用，而且还能消除电池对环境的污染，变废为宝！

（2023级4班　蒋子宸）

实验 30

电学魔法师——用欧姆定律掌控电流

【我的"源"创空间构想之旅】

"叮——"烤箱的计时器刚响，妈妈正准备端出食物，突然"啪"的一声，整个厨房陷入黑暗！我吓得差点儿跳起来，爸爸安慰我说："别怕，是电路跳闸啦！"

"为什么烤箱一开就会跳闸？"我追着爸爸问。爸爸带我走到客厅，指着墙上白色的电箱说："你看，每条电路都有'安全卫士'——断路器。如果电流太大，它就会'跳闸'保护我们。"见我一脸疑惑，爸爸神秘地眨眨眼："走，咱们用台灯做个实验！"爸爸把书桌上的可调光台灯拧到最暗，灯泡像只困倦的小萤火虫；接着他慢慢旋转旋钮，灯光越来越亮，最后变得像个小"太阳"。"你发现了吗？旋转旋钮时，灯光的亮度在变化。"爸爸说，"这是因为旋钮里藏着'电阻'，它就像水管里的阀门。这个电阻同灯泡串联在一起，电阻调大，电流变小，灯就暗；电阻调小，电流变大，灯就亮。"

爸爸接着说："烤箱、微波炉这些大功率电器的电阻通常较大，它们又都并联在电路中，总电阻反而变小，这样连入电路中电流变很大，就像把'阀门'完全打开，电流呼呼地冲出来。如果同时开太多电器，电流就会超过电线的'运输能力'，会导致电线过热，然后'卫士'

就跳闸了!"爸爸进一步解释说:"电压固定时,电流与电阻成反比,电阻变小,电流就会变大!——这就是欧姆定律的奥秘!"

晚上,我躺在床上回想这次"跳闸惊险"。原来那些看不见的电流,就像一群调皮的小精灵,而欧姆定律就是指挥它们跳舞的魔法师。我想通过小实验亲自探索一下它的奇妙之处。

【重走科学之路】

经过进一步的学习,我了解到欧姆定律是德国物理学家欧姆于 1826 年归纳得出的定律。欧姆的爸爸是一位锁匠,但特别喜欢数学和物理,经常带着小欧姆拆解机械、研究齿轮。虽然家境困难,但欧姆从未放弃科学梦,他甚至在中学教书时,自制实验仪器捣鼓电流。

那时的科学家们对电还一知半解。欧姆发现,电流像水流一样,会遇到"阻力"——这就是电阻。电阻的大小和导线的长度、横截面积还有导线的导电系数相关。比如,长导线比短导线电阻大,就像水流过长长的水管会更费力;细导线比粗导线电阻大,如同窄水管让水流变慢;石墨比金属的电阻大,如同让电流去穿过不同拥堵程度的通道。为了验证猜想,他设计了一个"道具"——电流扭秤,用磁针偏转的角度测量电流大小,还用沸水和冰块制造稳定的温差电池。经过无数次失败,他终于找到了电流、电压和电阻的关系:电流 = 电压 ÷ 电阻。

可当时的科学家们觉得这太简单了,甚至嘲笑他。欧姆一度生活窘迫,但他依然坚持研究。直到十多年后,他的发现才被认可,并被称为"欧姆定律"。人们还用他的名字"欧姆"作为电阻的单位。欧姆坚持不懈、追求真理,用简单的实验工具做出重大发现。他面对质疑时的执着和勇气,让我非常敬佩。

【搭建我的"源"创空间·实验重现】

1. 实验材料

（1）电源：电路板输出 3.5 伏特电压（也可以采用多节干电池串联）；

（2）导线、鸭嘴夹（连接电路）；

（3）插线板（将元器件插入插线板，可以很方便搭建电路）；

（4）滑动电阻（通过滑杆改变电阻大小）；

（5）电阻零件（提供不同的电阻值）；

（6）LED 灯（通过灯的亮度，观察电流变化）；

（7）多用表（测量和观察电压、电流、电阻值的变化）。

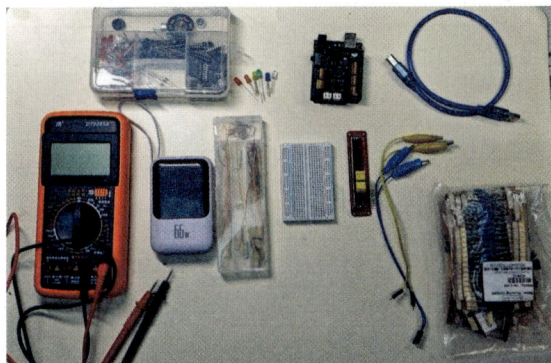

图 30-1　实验材料准备

2. 实验步骤

我设计了 4 个实验，来验证欧姆定律中电压、电流、电阻的关系。

实验 1：电压保持不变，改变电阻，观察电流值的变化

使用 2 节 1.5 伏特干电池，提供 3 伏特电压，分别使用 100 欧姆、200 欧姆、1000 欧姆电阻接入电路，将万用表串联到电路中，测量电路电流。

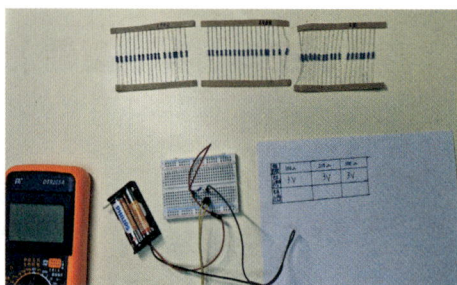

图 30-2　实验 1 搭建图

选择不同电阻接入后，万用表显示的电流示数如表 30-1 所示：

表 30-1　电流示数

电压	3 伏特	3 伏特	3 伏特
电阻	100 欧姆	200 欧姆	1000 欧姆
电流示数	29.0 毫安	14.8 毫安	3.0 毫安

实验结果：考虑到测量误差，电流示数近似等于电压 ÷ 电阻，符合欧姆定律。当电压不变时，电阻越大，电流越小。

实验 2：电阻保持不变，改变电压，观察电流值的变化

分别将 2 节、4 节、6 节 1.5 伏特干电池串联，提供 3 伏特、6 伏特、9 伏特电压，使用 1000 欧姆电阻接入电路，将万用表串联到电路中，测量电路电流。

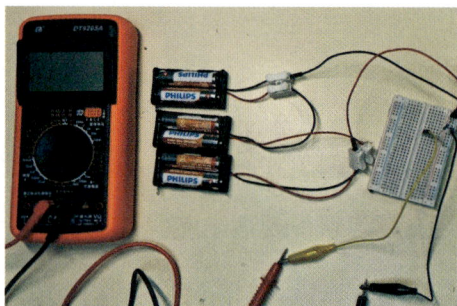

图 30-3　实验 2 搭建图

选择不同电压的电池组接入后，万用表显示的电流示数如表 30-2 所示：

表 30-2　电流示数

电压	3 伏特	6 伏特	9 伏特
电阻	1000 欧姆	1000 欧姆	1000 欧姆
电流示数	3.0 毫安	5.9 毫安	8.7 毫安

实验结果：考虑到测量误差，电流示数近似等于电压 ÷ 电阻。当电阻保持不变时，电压越大，电流越大。

实验 3：电阻串联，观察电路中的电流、电压、电阻关系

将 2 节 1.5 伏特干电池串联，提供 3 伏特电压，将 100 欧姆和 200 欧姆电阻串联接入电路，同时也将万用表串联到电路中，测量电路电流。

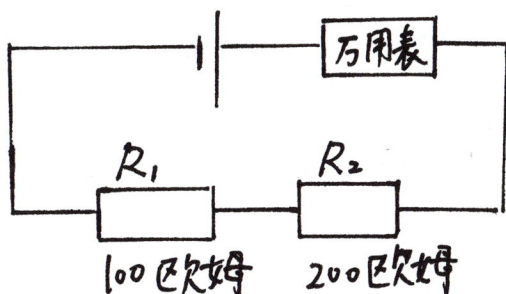

图 30-4　手绘串联电路示意图

实验结果：对比实验 1，电路分别只接入 100 欧姆、200 欧姆电阻，电流示数分别为 29.0 毫安、14.8 毫安，而两个电阻串联后，电流示数为 9.7 毫安。

将两个电阻串联，从整体上可以认为导体变长了，因而电路总电阻变大了，所以电流变小了。

实验 4：电阻并联，观察电路中不同位置电流的大小

将 2 节 1.5 伏特干电池串联，提供 3 伏特电压，将 100 欧姆和 200 欧姆电阻并联接入电路。将 2 个万用表分别与 100 欧姆电阻、200 欧姆电阻串联连接到分支电路中，将第 3 个万用表串联到总电路中，分别测量三个电路位置的电流。

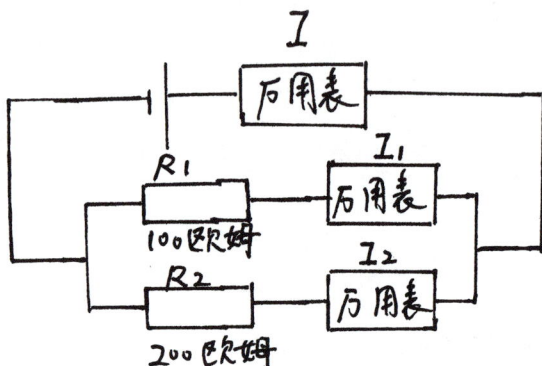

图 30-5　手绘并联电路示意图

实验结果：两条分支电路分别接入 100 欧姆、200 欧姆电阻，电流 I_1、I_2 分别为 26.4 毫安、13.6 毫安，而总电路电流 I 为 40.1 毫安。

两个电阻并联，从整体上可以认为导体截面变粗了，因而电路总电阻变小了，总电路的电流反而变大了。

3. 实验结论

这 4 个实验验证了欧姆定律，展示了电压、电阻和电流之间的关系。其中，实验 3 和实验 4 的实验结果也揭示了串联和并联电路中电流和电阻的不同特性。

【总结与思考】

从家里的电路"安全卫士"到可调节台灯，欧姆定律像一条看不见的线，串联起生活里的电学小魔法。小实验加深了我对电路基本规律的理解，也为后续学习提供了基础。

下次当我转动旋钮时，我就会想一想——是不是欧姆定律这个魔法师在悄悄帮我实现愿望呢？

【小贴士】

（1）你知道电子体温计是如何工作的吗？

电子体温计里有一个热敏电阻，它的电阻会随温度变化。当人发烧时，热敏电阻的电阻值改变，电流也随之变化，电路就能根据电流的变化计算出体温。

（2）为什么手电筒用了一段时间，灯光会越来越弱呢？

新旧电池的电压不同。对于常见的 1.5 伏特碱性或碳性干电池，当电池能量接近枯竭时，电压会降低至 1.0~1.1 伏特。新电池电压高，电流更强，手电筒灯光就更亮；旧电池电压下降，电流变小，手电筒灯光就变弱。

（2020 级 5 班　于开宁）

后记

"源"创的微光，家校共育的双螺旋

当学校拆除教室围墙，当家庭敞开探索的场域，教育便如 DNA 双螺旋般在两种场景间缠绕攀升。这本跃动着实验火花的书册，是"家庭'源'创空间"项目的阶段性成果——它不仅是少年科学精神的生动见证，更是家校共育生态的鲜活注脚。书中每个实验背后，都凝聚着双轨并行的育人智慧：项目组教师精心设计"梯度探究任务单"，将国家课程标准转化为可触摸的探究路径，为家庭实验提供结构化的脚手架；家长学校推出的"安全操作十二则"，为厨房实验室的自由探索划定了安全边界；校园"奇思妙想墙"，则使同学们的实践成果突破空间限制，激发了更多维度的共鸣和思考。

特别致敬所有家长朋友！你们以行动深刻诠释了"亲子共研"的内涵：那些在楼道间举着仪器记录数据的身影、那些将家庭餐桌变为实验台案的夜晚，恰是科学精神在家庭教育中最动人的实践。当孩子在调试装置中屡屡受挫，是你们陪伴左右反复尝试，将挫折转化为探索的韧性；为寻觅特殊的实验材料，是你们不辞辛劳多方奔走，让寻常物件蜕变为探究的媒介。更深层的意义在于，许多家庭的科学探究早已超越课题本身，孩子的创意设计直接触发了校园空间的重构，家长的洞见则被无缝整合为教学资源。这种家校深度协同的育人图景，正是杜威"学校即社会"理念的具象化呈现。当家庭中的简易测量与实验室的精密仪器遵循着相同的科学逻辑，当孩子的观察记录成为教学改进的鲜活素材，教育的边界便在这种螺旋上升中持续消融与重构。

感谢上海科技馆倪闽景馆长的战略指导与资源赋能，其在推动科学教育与数字教育方面的努力为本书注入创新基因与实践洞见；感谢科学副校长葛天舒教授，将前沿科研视角与育人理念融入指导，为本书的科学性提供坚实支撑；感谢上海交通大学出版社左岌老师和张赛赛老师，以出版人的专业素养，为本书提供系统性编辑支持。同时，特别感谢徐家汇街道对家庭"源"创空间项目给予的支持，并为本书出版提供了重要的经费资助。本书的出版凝聚了多方协作力量，在此，向所有参与项目开发、内容研讨与流程协调的各位专家学者、一线教师、家长代表及学生代表表示衷心感谢，是您们的专业担当与跨领域协作，使本书得以如期面世。

陶行知先生的箴言犹在耳畔："生活教育是给生活以教育，用生活来教育。"愿这份由家校共同编织的科学图谱，能继续生长为更多孩子攀登真理高峰的绳梯。毕竟，教育的终极奥秘往往不在于完美的结论，而在于那不完美的探索过程中对真理核心的无限逼近。

谨以此书，献给所有允许电路图铺满餐桌的夜晚，献给所有包容客厅变身实验室的、怀抱勇气的守护者们。愿来自阳台、书房、厨房的点点实验星火，永恒照亮交小学子探索未知的坚定足迹。

顾文

2025 年夏于交大附小